住宅建设与住宅品质

田灵江　林东海　著

中国建筑工业出版社

图书在版编目(CIP)数据

住宅建设与住宅品质 / 田灵江，林东海著. — 北京：
中国建筑工业出版社，2023.3（2024.2重印）
ISBN 978-7-112-28387-3

Ⅰ. ①住… Ⅱ. ①田… ②林… Ⅲ. ①住宅建设—工
程技术 Ⅳ. ①TU241

中国国家版本馆 CIP 数据核字（2023）第 033291 号

本书收录了作者近十年来对住宅建设品质的研究成果。内容涉及新建住宅提高品质的技术路径、既有住宅的品质提升和功能改造的方法与政策，也涉及国外发达国家提高住宅质量的经验与启示等内容。既有对问题的剖析，又有解决问题的技术路径和措施。通过本书可全面了解近十年来我国住宅发展的历程与住宅品质现状，可为研究我国住宅发展趋势提供借鉴。

本书可供住宅技术研究与生产、住宅开发企业、住宅设计与施工管理企业及相关领域研究人员阅读参考。

责任编辑：曾 威
责任校对：孙 莹

住宅建设与住宅品质
田灵江 林东海 著
*
中国建筑工业出版社出版、发行（北京海淀三里河路 9 号）
各地新华书店、建筑书店经销
北京红光制版公司制版
建工社（河北）印刷有限公司印刷
*
开本：787 毫米×960 毫米 1/16 印张：16¾ 字数：260 千字
2023 年 4 月第一版 2024 年 2月第二次印刷
定价：**58.00** 元
ISBN 978-7-112-28387-3
（40825）

前言

改革开放以来，随着经济快速持续发展，我国住宅建设取得了前所未有的成绩，城镇人均住房建筑面积已经由1949年的8.3m^2提高到2018年的39m^2，农村人均住房建筑面积提高到47.3m^2，住房条件显著改善。据央行调查统计，城镇居民住房拥有率达到96.0%，城镇居民家庭资产住房占比近七成，户均住房1.5套，住房资产已经成为城镇居民家庭资产重要组成部分。住宅建设水平是一个国家经济社会发展水平的重要标志，住宅品质是居民生活水平的重要体现。我国的住宅建设大致经历了大规模建设阶段、数量与质量并举的发展阶段，到如今进入品质与功能提升发展的新阶段。

党的二十大提出了新时代新征程中国共产党的使命任务，就是要团结带领全国各族人民全面建成社会主义现代化强国、实现第二个百年奋斗目标，以中国式现代化推进中华民族伟大复兴。阐明了奋斗目标，确立了基本路径，绘就了伟大蓝图，是奋进新时代、开启新征程的政治宣言和行动纲领，是我们各项工作的行动指南。新时代住宅建设要全面贯彻落实党的二十大精神，坚持以推动高质量发展为主题，完整准确、全面贯彻新发展理念，增进民生福祉，提高人民生活品质，推进健康中国建设。**坚持以人民为中心的发展思想，不断实现人民对美好生活的向往。**这是新时代住宅建设的基本出发点和落脚点。衣食无忧、住行满意，个人全面发展、全体人民共同富裕是以人民为中心的基本要义。发展人为本，小康居为先。当前，住房是人民群众最直接、最关心、最迫切的对美好生活需要的向往。尽管我国的住宅建设取得了巨大成就，城乡居民居住环境和条件得到较大改善，但是保持住宅产业持续健康发展，实现住有所居、全面小康的目标，让人人享有满意的住房，还面临巨大的困难，住宅与房地产业迎来了新的发展机遇和挑战。

据统计，2019年年末，中国内地总人口140005万人，比上年末增加467万人，其中城镇常住人口84843万人，占总人口比重（常住人口城镇化率）为60.60%，比上年末提高1.02个百分点。户籍人口城镇化率为44.38%，比上年末提高1.01个百分点。近年来，城镇化率每年以1%以上速度发展，到2035年我国城镇化率将有望达到70%，必将带来巨大的住房需求。新建住房要实现更新换代，不断提高功能品质和环境质量，老旧住宅要更新改造、完善功能，提高住宅建设品质是住宅产业持续发展的永恒主题。品质是企业、行业发展的生存之本、效益之源、品牌之基。无论房地产市场如何变化，高品质住房总是供不应求。库存的产生是供给不合理，其直接原因是住房的品质、功能不适应市场需求，有效供给不足。提高住宅品质和有效供给是“供给侧结构性改革”的重要内容，也是“去库存、消产能”的有效手段。何为住宅品质？住宅品质按经济属性分为适用性能、安全性能、耐久性能、环境性能、经济性能。按照社会属性可分为功能质量、性能质量、环境质量、工程质量、价值质量和管理质量。建设高品质的住宅小区必须坚持正确的技术路线，处理好战略与战术、目标与途径、成果与方法的关系。绿色发展是战略，产业化是战术；提质增效是目标，新理念、新技术是途径；高品质住宅是具体成果，做好规划设计、建筑设计、技术集成、施工管理是具体方法。规划设计是基础，建筑设计是核心，技术集成是精髓，施工管理是保障。每个环节都需要精细谋划，用产业化的理念精准实施，才是保障住宅品质的关键。

住宅产业化就是要通过标准化、模数化、信息化手段，形成住宅的生产、供给、管理一体化生产组织形式。具体来说就是利用标准化设计、工业化生产、装配化施工和信息化管理等方法来建造、使用和管理住宅的生产建设活动，达到提高品质，减少消耗；提高效率，减少排放的绿色发展目标。其根本标志是标准化、工业化、专业化和信息化，标准化是前提，工业化是根本，专业化是途径，信息化是保障。其特征表现：生产方式上表现为从现场作业到工厂生产、手工作业到机械安装、材料产品生产到技术体系集成；生产状态上表现为无序到有序、离散生产到集约制造、个体生产到社会化协作。住宅建设方式要由建造向制造转变，建住宅就像造汽车、造飞机一样，由粗放型生产向标准化、精细化、高品化转变。住宅产业化是新型城镇化和工业化发展的必然趋势，是工程建设领域推进绿色发展、循环发展、低碳发展，节约集约利用土地、水、能源等资源，优化产业结构，转变建设方式，全面提升住宅品质的有效途径。

岁月不居，时光如水，一晃又是10年。10年前出版了个人专著《住宅产业与住宅产业化》，受到了广大读者的普遍关注，先后加印两次，甚至成为有些地方职业再教育的教材。此次又将自己10年的工作实践总结与思考汇编成册，以飨致力于住宅品质研究和住宅建设的读者，本文内容仅代表个人观点，恳请大家指正。

田灵江于北京

2022年12月

◎目　录◎

第一部分　卷首语

第二部分　住宅品质与住宅产业化

第三部分　老旧小区改造

第四部分 考察报告与启示

第一部分

卷首语

1 抓住机遇 再上康居示范新台阶[①]

近年来，住房和城乡建设部以及各地建设主管部门积极推进住宅产业化，创建国家康居示范工程，通过样板引路，推广新理念、新技术、新成果，在引导住宅合理消费理念，推动住宅建设节能减排降耗，促进住宅建设模式转变，引领省地节能环保型住宅发展方面发挥了积极的示范和带动作用。最近，又一批示范工程通过达标验收，并且，康居示范还在农房改造中推广，取得一定成效。在示范工程的带动下，住宅综合品质有了较大改善，住宅建设科技含量和产业化水平逐步提高，探索了住宅建设节能减排降耗、发展省地节能环保型住宅的新途径。

通过几年的实践和探索，康居示范工程在打造高品质住宅方面取得一定经验。

一是建立了省地节能环保型住宅技术体系。包括出版《省地节能环保型住宅国家康居示范工程建设技术要点》，编制《商品住宅装修一次到位实施导则》《居住区环境景观设计导则》《住宅设计与施工质量通病提示》《住宅工程质量控制要点》《国家康居住宅示范工程方案精选》等导向性技术规程和图书，为建设省地节能环保型住宅提供了技术支撑。

二是住宅小区规划建筑设计水平不断提高。通过示范工程的引导，居住区规划在合理利用地形、地貌，节约土地方面，创造了很多经验。

三是技术集成和应用有了新的进展。一大批新型墙体材料得到普遍应用推广，同时也带动了新型墙体材料的开发、生产与推广应用。建筑节能是国家康

① 本文刊登于《住宅产业》2012年第3期。

居示范工程的重点，所有示范工程都要求从能源高效利用、围护结构、设备选型和运行管理全方位采取节能措施。建筑围护节能方面，推行屋面、外墙、门窗、楼地面一体化的系统节能技术集成，并率先在住宅建筑围护体系中推广应用双层中空节能门窗及遮阳技术等，提高了住宅建筑整体节能功能。近几年的康居示范工程基本上都达到节能50%以上，成为各地住宅节能示范样板。

四是探索了建设省地节能环保型住宅技术路线。建设省地节能环保型住宅规划设计是基础，建筑设计是核心，技术集成是精髓，施工管理是保障。关键是坚持先进的设计理念、正确的技术路线和科学的管理方法，从住宅建设的全过程、住宅构成的全系统、住宅使用的全周期精心规划、精细设计、精密集成、精确施工、精良管理，全方位提高住宅建设“四节一环保”的效能。

“十二五”规划明确提出：要以科学发展为主题，以加快转变经济发展方式为主线，坚持把加快经济发展方式贯穿于经济社会发展全过程和全领域，提高发展的全面性、协调性、可持续性，实现经济社会又好又快发展。住宅产业发展方式的转变就是要大力推进住宅产业现代化，提高住宅建设的产业化水平和住宅质量水平。国家康居示范工程正是推进住宅产业化、提高住宅品质的载体和样板，在引领住宅建设方式转变和高品质住宅建设中发挥了积极的示范作用。同时，随着房地产宏观调控和住房保障工作的深入推进，注重住宅品质和居住环境已成为住宅建设的新焦点。为推进住宅产业化、建设高品质住宅创造了广阔的发展空间和难得的发展机遇。打造居住高品质，创造生活新价值，引领科学合理的住宅消费理念和资源节约型住宅建设模式是实施国家康居示范工程的宗旨和目标。通过设计理念创新、技术集成创新、管理机制创新提高住宅品质的康居示范工程建设理念已被业界广泛认同。面积适度品质优、功能齐全环境美、安全耐久寿命长、价格合理价值高的康居住宅品质内涵已被广大消费者认可；小面积创造好品质、少占地创造好环境、低投入创造好效益的康居住宅建设发展观已成为开发企业广泛共识。国家康居示范工程迎来了良好的发展环境和机遇。

2 住宅产业化需要建立标准体系[①]

住宅建设是关系到国计民生的大事。住宅产业的健康发展对拉动国民经济增长和改善居住条件发挥着重要的作用。我国城乡住宅建设每年以 20 亿 m^2 左右的速度发展，但面临需要重视的问题有：建设模式、资源消耗、生产效率、住宅品质等有；住宅建设的产业化集成度低，尚未摆脱传统建造方式，技术产品尚未形成标准化、系列化、配套化的生产体系。我国是人口大国又是资源能源相对匮乏的国家，要解决好人口大国的住房问题、保持国民经济持续健康发展、建设美好家园，住宅产业发展必须走出一条适合国情的工业化、城镇化发展的新路。

推进住宅产业现代化，加快转变传统住宅建造方式是新时期住宅产业发展的重大课题，也是贯彻落实党的十八大提出的加快转变经济发展方式、推进生态文明建设的具体举措。住宅产业化的最终目标是提高品质，减少消耗；提高效率，减少排放。其根本标志是标准化、工业化和专业化，标准化是前提和根本。纵观我国住宅产业化发展所走过的历程，住宅建设水平和技术发展水平在逐步提高，也取得了显著成效。但总体来看，住宅产业化的发展进程与国民经济的发展不相协调。其主要原因在于：产业化技术研究的投入与经济政策支持不够、标准规范的制定滞后等，阻碍了住宅产业化的发展。推进住宅产业化应该遵循“政府引导、企业参与、市场推进”的原则，政府应该在法律法规、标准规范、政策激励等方面做好基础工作，引导大型企业集团积极推进，激发市场主体推进住宅产业化的积极性、主动性和创造性。

---

① 本文刊登于《住宅产业》2013 年第 9 期。

深圳市作为国家住宅产业现代化综合试点城市，在大力发展节能省地型住宅，积极推进住宅产业现代化的技术研究、政策激励等方面进行积极探索，相继出台了《深圳市关于推进住宅产业现代化的行动方案》《深圳市经济特区建筑节能条例》等政策法规；《预制装配整体式钢筋混凝土结构技术规范》《深圳市建筑工业化指标体系及评价标准》《住宅产业化模数协调标准》《住宅工业化（混凝土结构）设计标准》《住宅工业化生产及运输标准》《住宅工业化装配施工及验收标准》等技术标准，对推动深圳地区的住宅产业化发展和住宅建设整体水平提高起到了积极作用。为了加快推进住宅产业化进程，加快形成中国特色的住宅建设新型工业化的方式和模式，深圳市在国内率先提出编制地方性的"住宅产业化标准体系"，逐步建立和完善推进住宅产业化的技术标准体系，为加快推进住宅产业化提供技术支撑和保障。

本期杂志刊登的"建立深圳住宅产业化标准体系目录研究"课题（深圳市委托，城科会住房政策和市场调控研究专业委员会承担），就是以住宅生产的标准化、工业化为重点，研究住宅工业化的相关技术要求，提出相关标准。课题立足深圳，面向全国，逐步完善，诚望成为国家住宅产业化标准体系，以指导全国住宅产业技术发展。课题依据现行相关国家标准的规定，结合深圳市住宅产业化的现状，对预制装配式住宅建设的全过程进行分析，研究找出建设全过程所需的产业化建筑设计、施工、验收、管理等技术和标准，以及整个配套产业链的成套技术和标准，制定适用于住宅产业化各相关标准的分类方法、体系框图、体系编码、标准基本内容等，形成标准体系目录，为建立完善的建设标准体系打基础，为政府主管部门制定相关技术标准提供科学依据。

不过，此课题仅仅是集标准目录之大成，而标准体系的实质性内容还需要业内有识之士继续努力探索。

第二部分

住宅品质与住宅产业化

3 低碳经济与住宅产业化[①]

2009年12月8日哥本哈根联合国气候变化峰会召开，“减少碳排放，发展低碳经济”不仅成为国际政治活动的新名词，而且“低碳”成为国内各行各业炙手可热的新话题。回顾我国的经济发展，在改革开放前的中央第一代领导集体提出了“多快好省”的经济建设方针；改革开放后的中央第二代领导集体提出了“发展是硬道理”的经济建设方针；中央第三代领导集体提出了“走科技含量高、经济效益好、资源消耗低、环境污染少、人力资源得到充分发挥的新型工业化道路”的经济建设方针，之后第十六届中央领导集体提出了“以人为本，科学发展观”的经济建设方针。纵观这些方针，无不体现“好、省”的发展要求，也没有偏离我们当今所提的“循环经济、资源节约环境友好型社会、节能减排、低碳经济”等概念内涵。“低碳”的内涵要求其实一直体现在国民经济发展活动中，我们学术研究、生产活动应该贵在“求真”、重在“务实”，少炒概念、勿玩名词，不断总结、不断完善，把国家的各项要求落到实处。要实现低碳发展，重点是低碳生产和低碳消费。在住宅产业领域，积极推进住宅产业化，引导科学文明的住房消费观念，转变住宅建设方式，是落实节能减排、实现低碳发展的根本点。

一、住宅发展的简要回顾

回顾改革开放以来住宅建设的指导方针，在20世纪80年代，住宅建设提

① 本文刊登于《住宅科技》2011年第3期。

出“统一规划、规模开发、配套建设、系列供应”的建设方针，实现“造价不高水平高、标准不高质量好、面积不大功能全、占地不多环境美”的要求；20世纪90年代，提出了建设小康住宅的目标，探索中国住宅产业现代化道路的建设方针，实现住宅建设“科技含量要确保、厨卫设备要配套、装修一次要完好、住房改革要兑现、物业管理要达标、标准灵活保适销”的要求；进入21世纪，提出了建设康居住宅的目标，大力推进住宅产业现代化，坚持“四节一治——节地、节能、节水、节材、治理污染”，提高住宅综合品质的建设方针，实现住宅建设“面积适度品质优、功能齐全环境美、安全耐久寿命长、价格合理价值高”的要求。纵观这些方针，无不体现“好、省”的发展要求，也正是我们当今所提倡的“节能省地型住宅、绿色住宅、低碳住宅”等概念的内涵。

（一）住宅技术标准的演变与发展

我国住宅技术标准经历了从模仿苏联的居住标准到逐步完善的过程。1949～1960年全盘苏化时期是我国住宅建设的初步发展时期。这一时期主要模仿苏联的居住标准和建设经验，全国各大城市采用多层公寓化住宅替代四合院或联排式住宅。但由于苏联居住标准过高，出现了所谓“合理设计、不合理使用”等不符合国情的现象，如合用厨房、卫生间等。1954年，编制了《东北地区职工住宅标准设计》，全国各地也相继编制了本地区住宅标准设计。1960～1978年是中国经济发展的困难时期和动乱时期，不仅住宅建设量少，而且建设标准受1956年提出的“降低非生产性建筑标准”等因素影响，住宅质量不高、功能不全。回顾改革开放前，建设了大量简易住宅、合用住宅及小面积住宅，这时期是我国住宅标准的模仿期和探索期。1977年，国家基本建设委员会颁发了《关于厂矿企业职工住宅、宿舍建筑标准的几项意见》（建发设字88号），规定国家投资的新建厂矿企业民用建筑综合指标为12～18m²/人，但不包括医院、中学、电影院、商业网点等配套设施。1978年国务院转发国家建委《关于加快城市住宅建设的报告》（国发〔1978〕222号），提高了工矿企业住宅标准，并扩大了适用范围，规定“住宅设计标准每户平均建筑面积一般不超过42m²，省直以上机关、大专院校和科研设计单位的住宅，标准可以略高，但每户平均建筑面积不得超过50m²。”1981年国家基本建设委员会《关于印发〈对职工住宅设计标准的几项补充规定〉的通知》（建发设字384号），对住宅设计面积标准、必要设施和造价、民用建筑综合指标等作适当的调整和补充。面积标准划分为42～45m²、45～50m²、60～70m²、80～90m²四种类型，并规定了适用范围。首次提出了住宅设计以套为单位，应设独用厨房和厕所，应安装电表、水表等设施，并对其他设施作出规定。民用建筑综合指标由原来的12～18m²提高到16～24m²，并包括配套建筑的面积。这一标准出台后，全国城镇建设了大量住宅，许多地区和部门任意突破国家有关规定，为领导干部新建的住宅面积越来越大。1983年，颁发了《国务院关于严格控制城镇住宅标准的规定》（国发〔1983〕193号），要求认真贯彻“一要吃饭，二要建设”和在发展生产的基础上逐步改善人民生活的方针。要求从我国经济能力和严重缺房的实际出发，在近期内，我国城镇住宅只能是低标准的。全国城镇和各工矿区住宅均应以中小户型（一至二居室一套）为主，平均每套建筑面积应控制在50m²以内。1984年，国家计划委员会、城乡建设环境保护部《关于贯彻执行〈国务院关于严格控制城镇住宅标准的规定〉的若干意见》（计标〔1984〕774号），对193号文件的执行作了详细的规定。1986年我国第一部《住宅建筑设计规范》GBJ 96—86正式发布，对住宅设计原则、户内设计、公用部分、室内环境及建筑设备等要求作了详细规定，标志着我国住宅技术标准的成熟和完善，住宅建设逐步进入科学化、规范化的发展轨道。随着经济社会进步和建筑技术发展，1999年对“86规范”进行了修编，发布了《住宅设计规范》GB 50096—1999，并批准为强制性国家标准。首次提出在住宅设计中遵守安全卫生、环境保护、节约用地、节约能源、节约用材、节约用水等规定，要求推行标准化、多样化设计，积极采用新技术、新材料、新产品，促进住宅产业现代化，并对住宅设计各项指标进行完善。为适应新形势发展，2003年对《住宅设计规范》GB 50096—1999进行了局部修改，发布了《住宅设计规范（2003年版）》GB 50096—1999。2005年，在总结近年来我国城镇住宅建设、使用和维护的实践经验和研究成果的基础上，参照发达国家通行做法，制定发布了我国第一部以功能和性能要求为基础的全文强制性标准《住宅建筑规范》GB 50368—2005，对住宅的功能和性能提出了明确的要求。

同时《住宅性能评定技术标准》GB/T 50362—2005颁布实施，通过定性和定量相结合，对住宅安全性能、适用性能、耐久性能、环境性能、经济性能进行综合评价。到目前我国已形成了设计、施工、产品、评价等一系列住宅标准体系，从住宅技术标准的演变过程看，一直体现着经济、实用、舒适的原则，为建设省地节能环保型住宅提供了技术指导。

（二）住宅节能标准的制定与发展

我国建筑节能工作始于20世纪80年代初期，一系列建筑节能标准相继出台。1986年发布了《民用建筑节能设计标准》（采暖居住建筑部分）JGJ 26—86，提出节能30%。节能30%是指在当地1980～1981年住宅通用设计能耗水平的基础上节约30%的采暖用煤，开始实施住宅节能第一阶段目标。1995年修订和制定了节能50%的新标准——《民用建筑节能设计标准》（采暖居住建筑部分）JGJ 26—95，标志着住宅节能全面实施50%第二阶段目标的开始。1997年《中华人民共和国节约能源法》的颁布，建筑节能工作进入新的发展阶段。2000年，建设部签发第76号部长令《民用建筑节能管理规定》，建筑节能由过去只针对采暖地区推广至全国各类气候区。从2001年开始，《夏热冬冷地区居住建筑节能设计标准》JGJ 134—2001、《采暖居住建筑节能检验标准》JGJ 132—2001、《夏热冬暖地区居住建筑节能设计标准》JGJ 75—2003、《建筑照明设计标准》GB 50034—2004等标准相继发布，为全面实施建筑节能第二阶段目标提供了技术基础。北京、天津、新疆等地已经出台了节能65%的技术标准和措施，率先向第三阶段节能目标迈进。2008年《民用建筑节能条例》（国务院令第530号）颁布，为全面实施建筑节能工作起到巨大的推动作用。近年来，在全社会的共同努力下，建筑节能各项工作取得了明显成效。

一是节能意识增强。不论是企业还是消费者，对建筑节能意义的认识得到了提高，将建筑节能指标作为衡量住宅品质的主要因素之一，节能意识已深入民心。

二是重视节能工作。各级建设行政主管部门将建筑节能作为一项重要工作，建立了建筑节能协调议事机制。一些地区将节能减排作为促进城乡建设模式转变的重要抓手，积极推进建筑节能技术创新、机制创新和管理创新，不断完善建筑节能技术政策、经济政策，建立完善建筑节能的长效机制，保证了建筑节能工作质量。

三是建筑节能成效显著。到2009年，全国城镇新建建筑设计阶段执行节能强制性标准的比例为99%，施工阶段执行节能强制性标准的比例为90%。全年新增节能建筑面积9.6亿m^2，可形成900万t标准煤的节能能力。全国累计建成节能建筑面积40.8亿m^2，占城镇建筑面积的21.7%，比例逐年提高。北京、天津、河北、河南、辽宁、吉林、黑龙江、青海等省市新建建筑全部或部分实施65%节能标准。

二、低碳经济与节能减排

低碳即低碳排放，是关于温室气体排放的一个总称或简称。温室气体中最主要的是二氧化碳，其具有吸热和隔热的功能，在大气中增多的结果是形成一种无形的玻璃罩，使太阳辐射到地球上的热量无法向外层空间发散，结果是地球表面变热、生态平衡破坏，导致自然灾害频发、生存环境恶化。二氧化碳主要是由于现代工业化社会过多地燃烧煤炭、石油和天然气等石化材料所释放。低碳经济是以低能耗、低污染、低排放为基础的发展模式，其实质就是提高能源利用效率和创建清洁能源结构，核心是技术创新、制度创新和发展观的改变。节能减排是生产和生活中节约能源消耗，减少废物排放和环境污染。低碳经济是经济发展的战略目标，节能减排是实现低碳经济的具体举措。节能有广义节能和狭义节能，节能的过程就是减排的实现。广义节能就是节约资源，提高投入产出比和资源利用效率。所有资源的开采、加工和利用都需要消耗能源和影响环境。广义节能包括优化产业结构、转变生产方式、节约资源与能源消耗、提高生产效率、倡导文明生活方式等。狭义节能就是在生产和生活中减少能源支出，合理利用能源。狭义的建筑节能就是按照建筑节能标准的要求，通过科学的规划、建筑设计、能源合理利用（包括可再生能源开发）、住宅构造、建筑设备优化和科学运行管理等方面，降低能耗，提高节能效率。住宅产业的节能减排就是在保证居住舒适度的条件下，住宅生产和使用中尽可能地节能、节地、节材、节水和保护环境。

（一）住宅产业是节能减排的重要领域

随着经济的快速增长和城镇化进程的加快，我国新建房屋每年以20亿m^2以上的速度增长，其中住宅占50%以上，并有不断增长的趋势。新建建筑量占全世界每年新建建筑的40%，水泥和钢材消耗量占全世界的40%。据欧盟研究，所有全球性影响——能源、水和原材料，有一半以上应当归因于建筑，建筑消耗50%的能源、消耗40%原材料、消耗50%的破坏臭氧层的化学原料、对80%的农业用地损失负责、消耗50%的水资源。在英国消耗的全部能源中，大约有一半与建筑有关，而建筑排放二氧化碳所占比例也大体相当。其中大部分（60%）被用于住宅，其余40%用于办公室（7%）、仓库（5%）、医院（4%）、商店（5%）、教育建筑（7%）、体育设施（4%）、旅馆公共场所、俱乐部和其他场所（8%）。2008年我国新建建筑26亿m^2，住宅15.9亿m^2，占建筑总量的61%。我国住宅建设的工业化水平低，对资源能源的消耗比同等条件下的发达国家还高2～3倍，再加上其他技术水平及消费观念等因素影响，住宅产业节能减排的潜力还很大，将成为节能减排的重要领域。

（二）节能减排是住宅产业发展的永恒主题

当前，全国城乡住宅建设量大面广，住宅建设任务艰巨，既要解决有无问题，保证“人人享有适当住房”，实现住有所居目标；又要解决好坏问题，不断提高居住品质，满足日益增长的物质文化需求；更要解决资源节约问题，注重资源利用效率，保持住宅产业持续健康发展。住宅产业已成为拉动经济增长、建设和谐社会、发展低碳经济等战略工作的重要产业。在住宅生产领域，生产方式仍然比较粗放，主要体现是“四低两高”，即：工业化水平低、生产效率低、循环利用率低、住宅品质低、资源消耗高、排污量高；在住宅消费领域，仍存在贪大求阔、重形式轻品质等消费偏差。第十一届全国人大一次会议《政府工作报告》中提出，“坚持从我国人多地少的基本国情出发，建立科学、合理的住房建设和消费模式。大力发展省地节能环保型住宅，增加中小套型住房供给，引导居民适度消费。”我国正处在城镇化快速发展阶段和全面建成小康社会的关键时期，经济社会发展进入新阶段，居民收入连年增长，可预期的消费规模不断扩大，而住宅建设所必需的能源、土地、水、材料等资源却日益紧缺。面对这尖锐的矛盾，要解决好人口大国的住房问题，实现住有所居目标，必须改变传统的住宅建设和消费模式，尽快形成符合我国国情的住房消费和建设模式，构建以低碳为特征的住宅产业体系。推进节能减排，实现低碳发展，不仅是社会经济的必然趋势，也是企业发展和市场竞争的客观要求。节能减排不仅能提高住宅品质，也能创造更大的经济效益和社会效益。依靠科技进步，大力推进住宅产业化，少占地创造好环境、小面积创造全功能、低投入创造高品质，推进省地节能环保型住宅建设，是新阶段住宅产业持续健康发展的主题。

三、低碳住宅产业模式发展思路

低碳住宅产业模式关键是构建低碳的住宅生产系统和形成低碳的住宅消费方式。低碳生产系统包括高效生产、清洁生产和资源循环利用，高效生产就是在住宅建设的全寿命周期内，最大限度地节地、节能、节水、节材，保护环境和减少污染，建设舒适、安全、实用的居住环境。清洁生产和资源循环利用就是对生产过程中产生的废渣、废水、废气、余热、余压等进行回收和利用，生产和生活中使用可再生能源和新能源，减少对石化能源的消耗。低碳消费方式包括中小套型的居住模式和日常生活的节约意识。前者属生产环节，后者属消费环节。形成以中小套型为主的居住模式关键是提高住宅规划设计水平和技术装备水平，在较小空间内创造较高舒适度，在有限的居住区域内创造较大的方便性。建立低碳住宅产业模式的根本出路就是要大力推进住宅产业现代化。住宅产业化的最终目标是提高效率、减少消耗，提高品质、减少浪费。通过先进的生产工艺和建设方式，减少住宅建设的实体消耗，提高资源利用率和生产效率；通过先进技术手段和管理模式，减少住宅建设的措施消耗，节约资源、提高住宅品质。住宅产业化是实现低碳住宅产业的必由之路，低碳住宅产业是战略目标，产业化是战术手段，节能减排是主要任务。要实现低碳住宅产业发展目标，需要从技术、经济、舆论等方面形成合力，共同推进。

推进住宅节能减排，关键是解决好技术体系和政策机制两大问题。技术是实现节能减排的支撑和基础，提高住宅节能减排水平，必须有先进适用的技术与产品；经济鼓励政策是达到节能减排目标的保障，企业是推进节能减排工作的主体，消费者是节能减排的受益者和检验者，调动企业推广应用节能减排技术和产品的主动性、积极性和创造性，正确引导消费者认购低能耗住宅。要推动住宅节能减排工作，强有力的政策支持是决定节能减排成果的关键环节。

（一）加强基础技术和关键技术研究，加快建设以低碳为特征的建筑体系

目前，住宅的新技术推广，基本以单项技术为主，缺乏配套化、系列化技术措施。单项技术虽然先进，但住宅整体水平不高。要重视基础技术和关键技术的研究，形成以建筑结构及围护体系、能源利用、住宅设备及运行管理为一体的住宅节能技术体系；以节水器具、中水回用、雨水收集为一体的住宅节水技术体系；以工业化装修、高性能建材、可循环利用新型建材为一体的住宅节材技术体系等。

1. 建筑结构及围护体系。建筑体系是先进适用成套技术集成的基础。研究开发适合当地经济、社会、资源、地理气候条件的工厂化生产、现场组装的工业化建筑体系及与之相配套的围护结构体系，如：钢筋混凝土结构体系、新型砌体结构体系、钢结构体系等新型工业化生产的建筑结构体系以及轻质墙板、复合墙板、保温装饰一体化墙体等相匹配的新型围护体系。

2. 能源转换技术体系。提高能源转换效率，减少能源损耗是节能的首要环节。对于采暖地区，应开发研究高效率供热锅炉技术、供热系统的调节控制与热量计量技术、热转换技术、高效热传送技术、供暖运行智能管理技术，以及热、电、冷联产联供技术等；对夏热冬冷地区和夏热冬暖地区，应开发研究各类热泵技术，用于采暖和空调，开发各种户式小型冷热机组及其系统；电力富余地区或对环境有特殊要求的地区，宜开发电采暖技术，如电热膜、地板电热管、电热缆和电锅炉等，形成高效能利用、高效率运行的能源转换与利用技术体系。

3. 外围护保温隔热成套技术。研究开发新型墙体材料，合理利用地方资源，充分利用煤矸石、工业废渣、河湖淤泥等可再生资源；开发外保温隔热饰

面一体化成套技术、屋面高效保温隔热防水技术、外遮阳技术、节能门窗技术等外保温隔热技术体系。

4. 住宅节能设备体系。开发节能电力设备、电梯设备、供水设施设备、照明设备、空调与除湿设备、电气设备、散热设备、智能管理设备、空气净化设备及热回收通风技术与设备等门类齐全、节能高效的住宅节能设备体系。

5. 新能源利用技术。加大太阳能建筑综合利用技术、太阳能建筑一体化技术、太阳能光电转换等技术开发研究；研究开发地源、水源、空气源、风能、海洋能、生物能等能源新技术；开发适用于小城镇和农村地区的沼气、秸秆气化等新技术。

（二）开展住宅产品与技术认证制度，建立优良产品与技术选用目录

开展技术、部品推荐认证工作，是推进技术进步、引导技术推广的有效措施和途径，也是国际通行做法。如日本的“BL”认证、欧盟的“CE”认证等，都产生了良好的效果，积累了成功的经验。目前，我国建筑节能产品市场，技术产品繁多、质量参差不齐，以次充好、滥竽充数现象处处有之，使应用者无所适从，需要大力整顿、规范，引导新技术、新产品的开发和推广。

1. 大力开展技术产品认证和推荐工作。技术与产品认证是市场经济条件下促进建筑技术与产品发展的有效途径，利用市场机制规范、引导产品的研发、生产和推广应用行为。通过第三方认证，提高产品性能透明度，保证产品质量，为使用者选择产品提供技术依据，同时，有利于产品的标准化、系列化生产，促进建筑技术与产品的创新和发展。过去曾经推行的技术产品推荐制度，对新技术推广应用起到了积极的作用，为开展认证工作探索了经验。应该认真总结推荐工作的经验，学习和借鉴发达国家认证工作的做法，建立和完善符合我国国情的建筑产品认证制度体系。建设部于2006年颁发了《关于推动住宅部品认证工作的通知》（建标〔2006〕139号），明确了开展认证工作的基本要求，提出了逐步开展住宅部品认证的意见。要积极完善住宅技术产品认证工作体系，大力开展住宅技术与部品认证工作，通过市场机制，形成优胜劣汰、自我完善、自我发展的市场环境。

2. 建立优良技术部品目录。对通过认证和市场检验的优良技术和部品，

定期公布，逐步建立住宅节能优良技术部品目录，引导技术产品研究开发和推广应用，为应用者提供技术支持，为消费者提供品质鉴别依据。

（三）研究制定住宅节能技术标准，建立完善住宅节能评价体系

住宅节能工作是一项系统工程，应从住宅规划、设计、施工、管理全过程、全方位来实现，逐步完善各环节的技术标准、技术规程、评价标准是推进住宅节能工作的重要环节。追溯建筑节能工作，在我国也就 20 多年的历史，相对来说还处在初级阶段，很多深层次的技术、标准等问题还有待解决和完善。

1. 完善住宅节能技术标准。现行住宅节能的设计标准基本健全，但针对如何达到设计标准相对应的产品和技术标准还不够健全，尤其是技术发展日新月异，新技术、新产品不断出现，技术的适应性又受地理、气候等因素影响，应针对不同地区和条件制定相应的产品技术标准或构造技术措施。对于国外发达地区已经成熟的标准可以采取“拿来主义”，进行微调和完善，推广应用。对新技术应加强研究和开发，制定相应的技术规程、工艺工法，指导新技术推广。

2. 完善住宅节能检测标准。目前，我国节能审查、检查及评价仅仅停留在设计构造上，缺乏对建成建筑物实体综合节能效果检测的手段。对建筑节能检测只是对产品的抽样检测，即使产品节能效果优越，其优良性能能否发挥还取决于建筑的构造与建设的质量。应尽快完善建筑节能实地检测的方法和标准，实现住宅节能从重视设计阶段节能向住宅建设全过程的转变。

3. 完善住宅节能评价标准。目前，住宅节能效果评价的依据是节能设计强制性标准，缺乏住宅节能效果评价标准和验收标准，更缺乏住宅小区综合节能效果评价和验收标准，住宅节能的重点偏重于住宅单体。应完善住宅节能评价标准，建立完善住宅节能监控和验收制度、等级及表示制度，逐步实现住宅节能从重点抓单体建筑节能向抓住宅小区整体节能乃至城市整体节能转变。同时，有利于按质论价，给消费者知情权，引导住宅节能良性发展。

（四）加强节能法律法规建设，建立住宅节能管理与激励机制

节能减排是经济社会可持续发展的重要工作，也是改善居住环境的有效举

措。要充分认识建筑节能的紧迫性、艰巨性和长期性，建立健全法规制度和工作机制，实现由政府单方面强制推进转变到政府监管与市场引导相结合推动，开创建筑节能新局面。

1. 完善建筑节能法律法规。《中华人民共和国节约能源法》《民用建筑节能管理条例》已相继出台，为推进节能工作提供了法律依据，但要将法规的精神落到实处，还需要制定一系列具有操作性的部门规章或规范性文件，不同地区也要结合本地实际，制定地方性法规和实施细则。将建筑节能减排作为项目土地出让或拍卖、项目审批、项目评价的重要指标要求，使节能意识渗透到项目建设的全过程。要制定强有力的奖罚制度，通过法律、行政、经济等综合手段，将建筑节能的潜在需求转变为现实的有效需求。

2. 加大建筑节能监管力度。建立建设项目建筑节能行政监管体系，保证节能标准和目标的有效实施。强化项目立项、设计审查、开工许可、质量监督、销售许可、竣工验收等行政审查职能，全面推行民用建筑能效测评标识、民用建筑节能信息公示等制度。

3. 建立经济政策激励机制。建筑节能需要“胡萝卜加大棒”的政策。一方面要加大处罚力度，同时要鼓励先进的经济措施，也需要必要的财政补贴、税收优惠、贷款贴息等经济政策。给予生产节能产品和材料的企业在产品增值税税收适当减免，给予积极推广应用经权威部门认证的产品和技术，在财政政策、融资贷款等方面给予一定的优惠和倾斜，对购买高品质、低能耗的住宅适当减免契税和物业维修基金等，从生产、应用和消费各环节共同促进建筑节能的发展。目前，尽管已经执行了部分经济政策，但缺乏系统性和配套性。国家在部分建筑产品的生产领域给予了政策优惠，如《享受税收优惠政策新型墙体材料目录》，对生产新型墙体材料实行减免税政策等，但在推广应用领域缺乏有效经济政策，致使先进的技术和部品难以推广应用，反而为劣质、落后的技术和产品提供了可乘之机，挫伤了企业推广使用先进技术和产品的积极性。

4. 调整墙改基金用途。新型墙体材料专项基金实施以来，对推进新型材料的研究发展起到了积极的作用，同时在淘汰实心黏土砖，大力发展新型墙体材料政策支持下，新型墙体材料得到了快速发展。应重新审视基金的用途，将其专有用途向综合效能方面转变，应由鼓励墙体生产应用转向建筑综合节能方面，充分发挥基金综合效益。

5. 设立建筑节能减排调节税。利用税收政策调节和引导市场发展是市场经济调控的有效手段。结合我国建筑节能的现状，可研究征收建筑节能调节税的可行性，对新建建筑按照投资额和规模征收一定比例的节能调节税，项目竣工验收达到节能要求的项目可全额返还，对未达到节能标准的税收收入可作为用于既有建筑节能改造的财政补贴来源。

6. 加强舆论引导。节约能源、保护环境是经济社会可持续发展的基础，建筑节能是利在当代、功在千秋的宏伟事业。要充分发挥舆论和社会监督作用，对认真执行国家产业政策的行为积极鼓励和引导，对投机取巧、玩弄概念的行为及时曝光和抨击，引导消费者关注住宅节能，增强全社会节能意识，营造建筑节能市场环境。

主要参考文献

[1] 布赖恩·爱德华兹. 可持续性建筑[M]. 北京：中国建筑工业出版社，2003.
[2] 胡吉士，方子晋. 建筑节能与设计方法[M]. 北京：中国计划出版社，2005.
[3] 田灵江. 住宅产业与住宅产业化[M]. 北京：中国建筑工业出版社，2010.

4 绿色建筑与住宅产业化[①]

近十年来，我国住宅与房地产的开发投资、建设规模从2002～2013年持续保持快速发展，2013年全国新建房屋建筑面积达到20多亿m^2，其中住宅14.6亿m^2，占73%左右。住宅与房地产业增加值占GDP比重达到5.6%，已经成为国计民生的支柱产业。到2013年城镇人均住房面积已经达到32.9m^2，住房自有率超过80%。尽管住宅与房地产业为拉动经济增长、改善居住条件发挥了巨大作用，但住宅产业发展还面临一些突出问题。主要表现：住宅产业发展仍以规模、速度为主，还主要处于依靠资金投入、土地增值、规模扩张的发展模式。技术产品尚未形成标准化、系列化、配套化的生产体系，住宅建设尚未摆脱传统建造方式。住宅产业高耗能、高排放、低效益、重污染的状态依然没有改变，传统的住宅建设和消费模式造成了资源的严重浪费和生态环境的破坏。我国是人口大国，又是资源能源相对匮乏的国家，人均耕地、淡水资源分别相当于世界平均水平的43%、25%，主要矿产资源人均占有量占世界平均水平的比例分别是煤67%、石油6%、铁矿石50%、铜25%。2010年起，我国石油、铁矿石、铜等资源的对外依存度均超过50%。随着全面建成小康社会战略的实施和城镇化的快速推进，住宅产业迎来难得的历史发展机遇。我国城镇化率自改革开放初的20%左右提高到2011、2012、2013年的51.3%、52.7%、53.7%，平均保持1%左右的增长，为住宅产业提供了更广阔的发展空间。随着社会进步和经济发展，人们对居住的品质和环境提出了更高的要求，改善型居住需求带来巨大的市场空间。要解决好人口大国的住房

① 本文刊登于《住宅产业》2014年第9期。

问题、保持国民经济的持续健康发展、建设美好家园，住宅产业发展必须走中国特色新型工业化、信息化、城镇化、农业现代化发展道路。为深入贯彻落实科学发展观，切实转变城乡建设模式和建筑业发展方式，国务院办公厅印发了《国务院办公厅关于转发发展改革委 住房城乡建设部绿色建筑行动方案的通知》（国办发〔2013〕1号）文件，提出开展绿色建筑行动，以绿色、循环、低碳理念指导城乡建设，集约节约利用资源，提高建筑的安全性、舒适性和健康性，转变城乡建设模式，破解能源资源瓶颈约束，改善群众生产生活条件，培育节能环保、新能源等战略性新兴产业。这是新时期城乡建设的指导性方针，大力推进住宅产业化，建设绿色建筑是建设领域落实绿色行动的具体举措，是加快生态文明建设，推动城乡建设走上绿色、循环、低碳的科学发展轨道，促进经济社会全面、协调、可持续发展的有效途径。

一、住宅产业化与绿色建筑发展的简要回顾

回顾我国住宅产业化发展历程，是以住宅建设工业化生产为起步。20世纪七八十年代，通过大规模引进欧、美、日本等技术与设备，建立起了建筑构件厂、门窗厂等产业门类齐全的住宅工业化生产体系。提出了住宅工业化的“三化一改”方针，即设计标准化、构件生产工厂化、施工机械化和墙体改革，重点发展了大型砌块住宅体系、大板（装配式）住宅体系、大模板（内浇外挂）住宅体系和框架轻板住宅体系等，推广住宅标准化设计图集，建造了一大批PC大板体系、预制装配式住宅。如：北京前三门大街大板体系高层住宅等，在住宅工业化生产方面积累了很多经验和教训。住宅产业化的提出是在改革开放以后，我国住宅建设进入了大发展时期，在解决住宅数量的同时，迫切要求解决住宅质量问题。为了贯彻党的十四届五中全会提出的实现经济体制由计划经济向市场经济和经济增长方式由粗放型向集约型的两个转变的背景下，建设部印发了《住宅产业现代化试点工作大纲》（建房〔1996〕181号）文件，提出了以规划设计为龙头，以相关材料和部件为基础，以推广应用新技术为导向，以社会化大生产配套供应为主要途径，逐步建立标准化、工业化、符合市场导向的住宅生产体制的总目标。通过城市住宅小区试点、小康住宅示范、小

康型住宅产品评估认证等途径，选择经济较发达地区开展试点、示范，极大地促进了住宅建设标准化设计、规模化生产、配套化供应的社会化大生产模式的发展。1998 年停止福利分房，实行住房货币化政策以后，我国住宅建设迎来了第二次转折期和发展期。为满足人民群众日益增长的住房需求，加快住宅建设从粗放型向集约型转变，提高住房质量，促进住宅建设成为新的经济增长点，国务院办公厅印发了《国务院办公厅转发建设部等部门关于推进住宅产业现代化提高住宅质量若干意见的通知》（国办发〔1999〕72 号）文件。提出了以提高住宅品质、提高住宅建设综合效益和提高科技成果转化率为总目标，逐步建立住宅技术保障体系、建筑体系、部品体系、质量控制体系和组织实施体系为核心的住宅产业化推进体系。通过多年来的实践和探索，住宅产业现代化的五大体系框架已日趋完善，并建立了国家康居示范工程、国家住宅产业化基地、住宅性能评定、住宅部品与产品认证、住宅产业博览会等推进住宅产业化的工作制度和平台，极大地促进了住宅产业化发展。住宅的功能质量、性能质量、环境质量、工程质量和价值质量全面提升，住宅建设的工业化水平、成套技术集成水平和建设管理水平明显进步，住宅建设的科技转化推广率、劳动生产率和节能减排贡献率显著提高，积极地引导了住宅建设模式和消费模式的转变。2004 年中央经济工作会议明确提出要大力发展“节能省地型”住宅，其核心是抓好住宅建设的节能、节地、节水、节材和环境保护工作，促进住宅产业结构调整和经济增长方式转变。在这一指导思想指引下，修改完成了《国家康居示范工程节能省地型住宅技术要点》《国家住宅产业化基地试行办法》（建住房〔2006〕150 号）、《住宅性能评定技术标准》GB/T 50362—2005 等技术文件，为加快推进住宅产业化提供了技术支持。2008 年，第十一届全国人大一次会议《政府报告》提出“大力发展省地节能环保型住宅，建立科学、合理的住房建设和消费模式”，再次把住宅产业化工作的认识提高到新的高度。但在中央多次强调住宅产业化工作重要性的情况下，住宅产业化工作在机制、政策和具体举措上仍无重大突破，推进工作举步维艰。

纵横研究世界各国绿色建筑发展，都是在建筑耗能逐渐增大，环境与资源日趋恶化和短缺的背景下提出的。美国、英国、日本、加拿大、澳大利亚、德国等国家都开展了类似的绿色建筑方面的工作。美国绿色建筑学会1994年开始研究绿色建筑的设计与认证工作，1999年公布了《绿色建筑评估体系》，简称为LEED™建筑体系。认证实行百分制，其中建筑选址占22%、节水占8%、能源消耗占20%、建筑材料使用占27%、空气质量环境占23%。目前LEED™认证分为4级，由低到高依次为认证级、银级、金级和铂金级，最低分为26分。而美国的大多数建筑只能达到15～18分，达不到认证资格。达到认证的项目仅占市场的15%～20%。澳大利亚推行绿色星级认证，简称GSC (Green Star Certification)，认证的指标包括管理、能源、水、土地使用与生态、室内环境质量、交通、材料、排放等内容，根据分值分为一、二、三、四、五、六星级，达到星级认证的项目仅占市场的25%。2007年，德国可持续建筑委员会发布了德国可持续建筑认证体系，简称DGNB (German Sustainable Building Certificate)，涵盖了生态、经济、社会三大方面的因素以及建筑功能和建筑性能评价指标的体系，根据分值分为金、银、铜三级。我国绿色建筑的发展从2006年颁布《绿色建筑评价标准》GB/T 50378—2006开始，相继出台了一系列技术经济政策，积极引导了绿色建筑的发展，为城乡建设节能减排作出了积极的贡献。

二、推进住宅产业化是发展绿色住宅，促进住宅生产方式转变的必由之路

党的十八大面向2020年全面建成小康社会，提出了加快转变经济发展方式的目标、要求和任务，坚持走中国特色新型工业化、信息化、城镇化、农业现代化道路，实现“四化”同步发展。大力推进生态文明建设，坚持节约资源和环境保护的基本国策，坚持节约优先、保护优先、自然恢复为主的方针，着力推进绿色发展、循环发展、低碳发展，形成节约资源和环境保护的空间格局、产业结构、生产方式、生活方式，从源头上扭转生态环境恶化趋势，为人民创造良好生产生活环境，为全球生态安全作出贡献。住宅产业的投资、消费及带动作用占GDP的20%，是产业结构调整和转变经济发展方式的重要领

域。我国住宅建设过程中，耗能超过总能耗的20%，耗水占城市用水32%，城市用地中有30%用于住宅，耗用钢材占全国用钢量的20%，水泥用量占全国总用量的17.6%。住宅建设的物耗水平与发达国家相比，钢材消耗高出10%～25%，卫生洁具的耗水高达30%以上，每拌合1m³混凝土多消耗水泥80kg。住宅产业是节能减排、环境保护和生态文明建设的重要领域，要彻底扭转住宅建设高能耗、高污染、低产出的状况，转变住宅建设方式，必须通过技术创新，走住宅产业化发展道路，构建节约型住宅产业结构，全面转变住宅建设的经济增长方式。

（一）住宅产业化的内涵

所谓住宅产业化，即住宅产业现代化的简称，就是让住宅纳入社会化大生产范畴，以住宅成品为最终产品，做到开发规模化、配套化，设计多样化、标准化，施工机械化、装配化，住宅部品通用化、系列化，以及住宅管理专业化、规范化的生产和经营的组织形式。具体来说就是利用标准化设计、工业化生产、装配式施工和信息化管理等方法来建造、使用和管理住宅的生产建设管理活动。住宅产业化的最终目标是提高品质，减少消耗；提高效率，减少投入。其根本标志是标准化、工业化和专业化，标准化是前提，工业化是根本，专业化是途径。其特征表现：生产方式上表现为从现场到工厂、手工作业到机械安装、单件生产到技术集成；生产状态上表现为无序到有序、离散到集约、个体生产到社会化协作。住宅产业化是新型工业化发展的必然趋势，是加快推进住宅建设节能减排，发展绿色建筑、转变城镇化建设模式、全面提升建筑品质的有效途径。

（二）绿色住宅要求

绿色建筑是在建筑的全寿命周期内，最大限度地节约资源、保护环境和减少污染，为人们提供健康、适用和高效的使用空间，与自然和谐共生的建筑。2006年发布了国家标准《绿色建筑评价标准》GB/T 50378—2006，绿色建筑分为住宅建筑和公共建筑。绿色住宅的核心要求：一是住宅建设和运营管理达到**“四节一环保”**要求。以节能、节地、节水、节材为总则，坚持开发与节约并举，把节约放在首位，在住宅的规划、设计、建造、使用、维护全寿命过程中，尽量减少能源、土地、水和材料等资源的消耗，实行资源节约与循环利用，以较少的资源消耗创造合理的住宅功能和较大的居住舒适度。二是住宅的品质要达到舒适、健康、实用、安全、耐久、经济等性能要求。绿色住宅就是品质高、消耗少、环境美的居住建筑。

（三）住宅产业化与绿色住宅关系

绿色住宅是住宅产业发展的战略和目标，是对住宅建设全过程结果的综合评价。住宅产业化是实现住宅建设绿色环保节能舒适的途径和手段，住宅产业化要求从住宅材料部品生产、规划设计、建筑设计、技术集成、施工管理等环节达到“四节一环保”要求。两者的目标一致：即提高品质，减少消耗；提高效率，减少浪费和污染，其关系是过程与结果、措施与目标的关系。发展绿色住宅就是要开发推广资源节约、环保生态的新型住宅建筑体系和部品体系，运用科学的组织和现代化管理，将住宅生产全过程中的规划、设计、开发、施工、部品生产、管理服务等环节集成为一个完整的产业系统，实现住宅建设高效率、高质量、资源综合利用率高、环境负荷低的建设方式。

三、推进住宅产业化发展绿色住宅的几点思考

推进住宅产业化发展绿色住宅，是贯彻落实党的十八大、十八届三中全会和中央经济工作会议、中央城镇化工作会议精神，全面深化建设行业改革、加快转变经济发展方式和生态文明建设、推进住宅产业结构调整，促进住宅建设方式转变的具体举措，也是加快推进建筑产业现代化发展的有效途径。

（一）加强基础技术和关键技术研究，完善住宅产业化成套技术体系

目前，住宅的新技术推广，基本以单项技术为主，缺乏配套化、系列化技术措施。单项技术虽然先进，但住宅整体水平不高。要重视基础技术和关键技术的研究，形成以建筑结构及围护体系、能源利用、住宅设备及运行管理为一体的住宅节能技术体系；以节水器具、中水回用、雨水收集为一体的住宅节水技术体系；以工业化装修、高性能建材、可循环利用新型建材为一体的住宅节材技术体系等，建立完善“四节一环保”的住宅产业化技术体系。**一是建筑体系标准化**。建筑体系标准化是实现工业化建造的基础。建筑体系主要是承重结

构体系和围护结构体系。目前易形成标准化体系的结构形式有混凝土结构、钢结构（包括轻钢）、钢管混凝土结构等。在研究、试点的基础上，应逐步由专用体系走向通用体系。**二是构件部品系列化**。轻质墙板、复合墙板、保温装饰一体化墙体等相匹配的新型围护体系；整体厨卫、外遮阳技术、节能门窗；电力设备、电梯设备、供水设施设备、照明设备、空调与除湿设备、电气设备、散热设备、智能管理设备、空气净化设备及热回收通风技术与设备等门类齐全、节能高效的住宅节能设备等。**三是技术系统成套化**。保温、隔热、隔声、装饰一体化成套技术；供热系统的调节控制与热量计量技术、热转换技术、高效热传输技术、供暖运行智能管理、热电冷联产联供及新能源利用等成套技术。

（二）完善绿色住宅技术标准，建立全过程、全寿命周期标准体系

目前执行的《绿色建筑评价标准》GB/T 50378—2006 有关绿色住宅评价指标比较粗略，指标要求不高，不能涵盖绿色住宅的全部内涵。如评价的对象针对住宅单体，不能适应以住宅小区居住为主要特征的绿色住宅评价。评价内容及指标要求仅仅针对技术的采用，不能涵盖住宅小区规划设计、建筑设计对居住环境功能、空间功能等住宅功能质量的要求。在完善现有标准的同时，应从节能、节地、节材、节水等角度重新审视现有的住宅规划和标准体系，建立从绿色建材、绿色成套技术到规划、建筑、装饰装修、施工管理、性能检测与评价、运营与管理等全过程的住宅建设标准体系。

（三）制定推进住宅产业化发展的相关经济激励政策

综合运用财政、税收、投资、信贷、价格、收费、土地等经济调控手段，鼓励和扶持技术研发、部品生产、住宅开发等大型企业集团，激发市场主体推进住宅产业化的积极性、主动性和创造性。完善推进工业化装配式住宅、全装修成品房的经济鼓励政策。加快项目建设体制改革，创造有利于装配式住宅、全装修成品发展的市场环境。

（四）建立绿色建材产品市场准入制度，强化市场监管

应尽快建立、改革、完善适应住宅产业化和绿色建筑发展需要的市场准入制度，以及相应的法律法规和标准规范，建立绿色建筑产品、技术认证体系。

严把市场准入关，鼓励支持应用绿色建筑部品认证的产品进入住宅建设中，逐步提高市场准入的门槛，在政府组织建设的保障性住房中率先推行。限制淘汰不符合节能减排的落后技术和产品。加强全过程监管职责，建立全过程监管、考核、奖惩的有效机制，加大监管和执法的力度。

（五）全面深化改革住宅建设管理体制，形成推进住宅产业化、发展绿色住宅的整体合力

一是建立和完善住宅产业现代化的推进机制。住宅是多种产品、技术的集成体，其产业链长、关联度大，住宅的建造和使用涉及土地、水资源、能源、建材、冶金、化工、环保、林工等多个行业，推进产业化工作涉及住宅原材料与部品生产、节地、节能、节水、墙体改革、住宅一次装修、室内污染物控制及污染治理等多项具体工作。住宅部品、部件、材料的生产和住宅建造等涉及多种技术和标准，需要统一的标准和技术政策引导，还需要系统、有效的经济政策支持住宅技术、产品的研发、生产、推广应用，才能形成工业化生产的住宅建筑体系、部品体系，推进住宅产业现代化的快速发展。因此，需要建立与产业现代化发展相适应的工作机制，统筹规划、统一协调、有序推进，特别是在住宅产业技术政策和经济政策方面，需要各部门的密切配合和协作，形成推进住宅产业现代化的整体合力。**二是深化建设项目管理体制改革**。要研究解决适应于住宅产业化技术研发、生产、推广应用的项目管理体制，鼓励大型企业集团从研发、生产、设计、安装与管理一体化（如日本的大和、积水等）的社会化大生产模式发展。加快施工企业营业税改增值税进程，优化建筑企业结构，淘汰技术力量薄弱、挂靠、分包小队伍，促进建筑业结构调整。改革现有的以项目公司运作的房地产开发管理体制，有利于开发企业统筹协调发展。**三是总结住宅产业化工作经验和成果，促进绿色建筑大发展**。住宅产业化工作作为住房和城乡建设行业一项重要工作，已经开展近二十年，取得了一些成果和经验。尤其在省地节能环保型住宅示范、住宅产业化基地实施、住宅性能认定、住宅部品认证及产业技术集成研究与应用等方面取得了显著成效，为提高住宅综合质量，建立资源节约型、环境友好型住宅建设和消费模式创造了好的经验。应认真总结住宅产业化的成果和经验，以推进住宅产业化为突破口，逐

步建立和完善绿色建筑的产品、技术、标准体系和应用推广机制，建立以发展绿色建筑为目标，各部门统一规划、齐抓共管、协调有序推进建筑产业现代化的新格局。同时加强舆论引导，创造推进住宅产业化和发展绿色建筑的市场环境，引导住宅产业持续健康发展，为加快生态文明建设和转变经济发展方式，实现全面深化改革总目标作更大贡献。

5 居住区景观环境设计的基本原则[①]

居住区环境是城乡环境的重要组成部分，居住区环境质量水平是社会、经济和文化发展水平的重要标志。随着经济的快速发展和生活水平的不断提高，人们对住房的要求已从物质需求向物质、精神并举的需求转变，居住小区不仅要为人们提供栖身、休养的空间与场所，还要提供满足人们社会与心理需求的优美居住环境。人们对居住区的需求特征已发生了重大转变，由基本需求型向舒适需求型转变、由居住小区向居住社区转变、由居家安身向修身养老转变。居住区景观环境设计是集建筑学、社会学、园艺学、经济学、哲学等为一体的边缘性学科，其目标就是从社会和经济角度，物质和精神两个方面，按照人的起居、生活规律，力求规划设计的科学性和合理性，创造生态环保、舒适优美、便捷安全、经济实用的居住环境。只有准确把握居住需求趋势，研究景观环境构成要素，运用科学的方法，才能创造出特点鲜明、富有时代特色的优秀居住环境。

一、居住区景观环境设计的基本要求和目标

居住景观环境设计就是要遵循人的生活行为，创造便捷、适用、完善的居住物质生活设施，还应创造丰富多彩的满足居住者各层次心理需求的精神生活空间，充分表达对人的尊重、关怀及自我实现和自我满足。要提高住宅区景观环境设计水平，必须深入研究居民居住生活活动的根本特征，合理确定景观环

① 本文刊登于《住宅产业》2012 年第 8 期。

境的功能，综合分析景观环境的构成要素，创造因人而异、因地制宜的居住环境。

1. 居住区景观环境的构成要素。居住区景观环境包括物质环境和社会环境两部分，两者相互依存、相互陪衬，构成了完善的生活环境，也是景观环境设计的主要内容。物质环境是指居住区内一切服务于居民，并为居民所利用，把居民行为活动作为载体的各种设施的总和。它是一种有形的环境，包括自然要素、人口要素和空间要素，是由各种实体和空间即住宅建筑、公共服务设施、各类构筑物、道路广场、绿地及各种活动场所构成。社会环境是指居住区居民利用和发挥居住区物质环境系统功能而产生直接和间接影响的一切非物质形态事物的总和。它是一种无形的，居民又随时随地身处其中并使用的空间环境所产生的综合效果，由居住行为要素和社会要素组成。居住行为要素包括居民心理、生理、出行、人口构成、家庭结构等。社会要素包括历史传统、风俗习惯、道德伦理、经济水平、社会关系等。居住区景观环境设计是物质环境和社会环境的耦合，它不仅仅是一个物质环境，而更重要的是与之相适应的社会环境，赋予景观环境以亲切的艺术感召力，体现社区文明风尚，促进人际交流与和谐社区建设。景观环境设计效果的优劣，主要看物质环境与社会环境的呼应程度，即人们在享受物质环境的同时，能否在心理、精神上得到更大美感和快感。

2. 居住区景观环境设计的基本要求。首先，景观环境设计应符合城市总体规划、分区规划及详细规划的要求和现行居住区规划设计规范、住宅设计规范及相关法规要求。要从场地的基本条件、自然气候、地形地貌及市政配套设施等方面合理规划用地结构和有效组织功能空间，通过合理的用地配置、适宜的景观层次安排、必备的设施装备配套、有序的公共空间与私密空间组织和精致的细部节点设计，达到住区整体意境及风格塑造的和谐。其次，合理确定景观环境的功能，针对所居住的对象创造相适应的居住环境。按照社会学的分类，居住社区是以居住活动为中介建立起来的一定同质人群与地域所组成的相对独立的社会文化区域。随着住房市场化进程的加快，居住区同质化趋势愈来愈明显。不同群体、不同需求层次的人对配套设施、环境品位、物业服务的要求是不同的。景观环境设计不能千篇一律、照搬照抄、模块化套用，应针对不同地域、不同居住群体的特点要求，创造出不仅能满足人们行为活动需求，又能满足视觉审美需求的居住环境。再次，居住区景观环境的功能要能满足人的基本需求。尽管不同群体对居住环境配套的要求存在差异性，但居民对居住环境的基本功能需求是一致的。居民对居住环境的需求从低到高分为五个层次，其一般次序为自然环境需求→消闲需求→领域需求→邻里交往需求→自我实现需求。自然环境需求就是居住者能充分享受大自然中充足的阳光、洁净的空气、优美的树木花草，给人心理上带来生机盎然、欣欣向荣的情趣。消闲需求是指人们在工作之余的闲暇时间有娱乐、消遣、健身等户外活动的需求。领域需求是指人们对环境及设施的领域感和归属感，使居住者感觉有一定的半私密空间，其部分活动不受或少受外界干扰。邻里交往需求是指具有能够共同交流、共同活动的空间场所和设施，满足人们情感沟通、思想交流、志趣互动等需要。自我实现需求是较高层次的需求，表现为展现自我、表现个性，产生一种精神上的自我满足。如：住在一个大家公认的好小区有身份和地位体现等。前四种是居住区景观环境的基本功能需求，其对景观环境的要求主要体现在：要有充足的绿地空间、丰富的植物培植；秩序良好的小区、组团、庭院组合空间；完善的生活服务设施、惬意的活动场所等，提供健康环保、静宜安逸的居住空间和社会性活动场所，促进邻里交流，创造和谐氛围。

3. 居住区景观环境设计的基本目标。居民是居住区的主体，景观环境建设的目的就是要为居民提供一个舒适、方便、安全、安静、安心的居住环境。良好的居住环境能培育、熏陶人的素质和品格，居住环境的功能不只停留在形体的层面，更应深化到心理、社会文化的层次。舒适而又充满生活趣味性的环境不在于丰富的形式和多样化，而是将人们生活行为需求与精神需求完美结合，创造出富有美感、情趣和激发人们享受生活乐趣的精神空间。居住区环境不仅仅是一个平面的地域空间，而是一个立体的、多结构、多性质的社会空间，是一种环境，更是一种意境。居住区景观环境设计要做到居住环境的均好性、多样性和协调性相统一，突出功能性、实用性和经济性，充分体现所在地域的自然环境和历史文化渊源，因地制宜进行设计创作，力求创造出具有时代特点与地域特征的居住空间，营造自然、舒适、安全的居住环境。

二、居住区景观环境设计的基本原则

居住区景观环境除科学的住区规划、新颖的建筑造型和完备的配套服务设施外，其主要内容是绿地和场地，绿地以生态和景观功能为主，场地以满足人的活动功能为主。绿地分观赏性绿地和活动性绿地两种，观赏性绿地应注重植物的色彩、形态、层次等艺术效果，活动性绿地应注重其安全性、便利性，并应注意对植物的保护。场地设计应考虑私密性和社会性要求。私密性要求场地规模小、有围合空间感，或以植物、地形起伏高差形成安全感和私密感。社会性要求场地提供群体交流、活动的环境，要有一定的规模和通达性。小区景观绿化要突出居住环境的自然和谐性和美观趣味性，更应注重环境观赏性、共享性和经济实用性。

1. 自然和谐性。自然和谐性原则是指景观环境力求自然的景观，做到人与自然、建筑与环境、人与建筑的和谐。居住小区的环境有别于城市广场、城市公园的环境，要营造自然、温馨、和谐的居住环境，切忌将城市广场及公共场所的绿化手法运用到居住区，也不提倡将大树、大石、假山、假瀑等人造景观做到小区中的做法。要尽可能利用原有地形、地貌及周边自然环境，保留基地原始形态和原有的植被，利用借景、组景、分景、添景多种手法，使住区内外环境相协调。如：紧邻河道、湖泊、公园或其他景观资源的住区，应充分利用资源优势，使内外景观有机交融。景观环境设计应注意点、线、面的结合，变化中有统一，统一中有变异，达到步移景异、情随景易的效果。植物的色彩与整体建筑色彩协调，灵活运用乔、灌、木、草的各种组合。利用植物花卉在不同季节所表现的不同形态，做到春有花、夏有荫、秋有果、冬有绿（图 1～图 4），保持绿化空间季节的连续性和景观的丰富性。居住区环境绿化尽量做到多样、多绿、多变：各组团空间景观绿化主题有所区别，绿化草木品种要丰富，乔灌草木有序搭配，景观表现形式丰富多彩；环境以绿为主，其他景观为辅，绿化植物要本土化，减少养护成本较高的草地，尽可能减少硬铺装和维护成本高的人造水景；做好景观结点处理，景观构成要富有变化，避免呆板、单调的一致做法，景观视线及人行线路做到畅而不通、曲径通幽。绿化的范围可扩大到屋顶绿化、垂直绿化等多种形式。

图 1　原有植物保护利用

图 2　借景、组景、添景的完美结合

(a)

(b)

图 3　春华秋实

(a)

(b)

图 4　夏荫冬绿

2. 经济实用性。居住环境的美不在于设施的奢侈与豪华，而在于物质对心理的适应性，是自然美与社会美的结合。景观环境设计在强调优美视觉效果的同时，更应注重功能性、实用性和经济性。景观环境的设计应注重节能、节水、节材和环境保护，合理使用土地资源，提倡朴实简约，反对浮华铺张，并尽可能采用新技术、新材料、新设备，取得优良的性价比。景观环境设计应以功能为核、形式为壳，以经济实用为准则，灵活布局、合理选材、精造细做，创造可近、可享、可达的自然、便利、安全的居住环境。小区环境设施应以功能性为出发点，并能起到点缀和强化景观效果的作用，尽量减少没有功能的构筑物、装饰物等。公共绿地是小区环境的重要组成部分，具有改善居住环境的小气候、调节气温、增加空气湿度、吸声降噪、减少灰尘、净化空气、保护环境等功能，还能在地震等特殊时期起到疏散人员等作用。公共绿地和组团绿地的规模应根据其功能性要求，并结合地形地貌，利用造园的艺术手法进行设计。布置形式可采用规则式、自由式和混合式等多种手法。场地设计利用植物分隔空间，开辟各种功能的活动场地，设置适当的棚架廊亭及座椅坐凳、花坛、花墙、花架等设施。场地铺装基层应采用透水性材料，面层采用保水性材料，以改善室外热环境。园路设计应随地形的变化，可弯曲、转折，可平坦、起伏，宽度与绿地的规模和所处的位置与功能有关。绿地面积在 0.5hm^2 以上，主路宽 3～4m，绿地在 0.5hm^2 以下，主路宽 2.5～3m，次路宽 1.2～2m，坡度不超过 8%。路面的铺装材料应利于排水，可采用多种形式，如采用碎石、卵石、毛石等材料铺装成按摩路径，增加园路的功能。庭院绿地设计应配合住宅类型、间距大小、层数高低及建筑平面关系等因素综合考虑，属半公共空间。庭院绿化可分为：树林型、花园型、植篱型、棚架型、草坪型、庭园型或混合式等多种形式（图 5、图 6）。绿化布置应注意庭院的空间尺度，植物的大小、高低与庭院的大小、建筑层次相协调，并突出各庭院的识别性。植物的配置宜采用孤植、丛植的方式，栽植于靠近窗口或常出入之处，以便近赏、久赏，充分提高植物的观赏效果。植物除绿篱外一般不作整齐规则式修剪，保持自然形态和生态环境。在环境设计中，适当采用“模糊空间”的设计手法，将住宅底层局部架空，部分空间可作为储藏间、设备间、自行车库及服务用房外，大部分空间可设置休憩空间、儿童及老人活动空间、景观绿化空间等，既可提供相互交流的场所，又可使住区分散的绿化景观相互渗透，有效改善住区环境。居住区环境做到既自然、优美，又经济、适用。

图5 庭园型宅前绿化

图6 混合式组团绿化

3. 美观趣味性。现代小区不仅要创造出良好的生态环境，而且应创造出具有时代特点和地域特征的社区文化。自然就是美，创造自然和谐的环境就是美。美观趣味性就是利用植物的组合搭配及景观小品的点缀，体现自然的静美、历史的传承、文化的延续、地域的特色，创造人工环境与自然环境和谐统一、欢乐祥和与规范约束共存的丰富多彩的空间与文化。要根据不同区域历史文化、生活习俗提炼景观设计的元素与符号，通过建筑物布局、建筑色调、造型以及景观小品、艺术雕塑及园林艺术等精心选择和搭配，营造具有地域特征、时代特色的优美居住环境（图7、图8）。景观小品点缀尽可能体现知识性、

图7 绿篱迷宫：自然、功能、艺术的结合

图8 景观小品：历史、文化、艺术的结合

艺术性和趣味性，体量和尺度适宜，宜少而精。景观小品与周围环境共同塑造出一个完整的视觉形象，赋予景观空间以生气和主题，通常以其小巧的格局、精美的造型点缀空间，使空间诱人而富于意境，从而提高整体环境景观的艺术境界。标志设计应简洁醒目；照明设计应营造安静优雅的生活气氛。

三、影响居住区环境质量的几个问题探讨

好的居住环境有利于人们消除疲劳、振奋精神、丰富生活、陶冶性情。创造良好居住环境的关键和基础是科学合理的规划布局。居住区规划布局的目的是要求将规划构思及规划因子（住宅、公建、道路及绿地等），通过不同的规划手法和处理方式，将其全面、系统地组织、安排、落实到规划范围内的恰当位置，以适应居民物质与文化、生理与心理、动与静的要求，使居住区成为有机整体。居住环境水平高低首先取决于小区规划设计的水平，其次是景观绿化的水平。没有科学合理的规划布局，水平再高的景观设计师只能是“巧妇难为无米之炊”。目前，的确存在不重视规划设计，把景观环境设计寄托于景观设计师，把景观环境设计简单地理解为绿化设计和景观布置等误区。有些景观设计师甚至不尊重原有的规划方案，为追求某种虚无的意境，任意改变道路性质，造成出行不便或安全隐患等。要提高居住区环境质量就要合理规划用地结构、有效组织功能空间、构建便捷交通系统、配置完备的服务设施，为创造高品质的居住环境奠定基础。

1. 居住区规划模式。居住区按照居住户数或人口规模可分为居住区（30000～50000人、10000～16000户）、小区（10000～15000人、3000～5000户）、组团（1000～3000人、300～1000户）三级规模。传统的居住区规划模式是按照规划组织结构分级划分居住区。一般分为居住区—小区—组团三级结构、居住区—组团和小区—组团两级结构及相对独立的组团等基本类型。不同规划结构分级的交通系统组织、配套设施的指标要求不同。有些设计人员对居住区的结构分级概念混淆，不管是多大小区都按照一个规划模式设计，小区越做越大，给区内外交通系统、日常生活及物业管理带来不便，影响小区环境质

量。目前，居住区多以小区—组团或独立组团结构模式规划，小区的规模占地 $15hm^2$ 左右为宜。占地大于 $15hm^2$ 的居住区宜采用居住区—小区—组团的规划模式；占地大于 $5hm^2$ 小于 $15hm^2$ 的可采用小区—组团或独立组团的规划模式；占地小于 $5hm^2$ 应采用独立组团的规划模式。居住区规划并不是固定模式，在满足配套的前提下，鼓励因地制宜采用灵活规划布局形式，以适应城市建设发展的需要。住宅群体布置要与空间组织相结合，提高院落的功能和环境质量。居住区规划中经常产生行列式单调布局，主要原因是过于强调正南正北布置。据有关研究表明，由于各地区所处纬度不同，其最佳朝向和适宜朝向都不同。如常州的日照，最佳朝向是正南至南偏东 15°，适宜朝向是南偏西 15°至南偏东 30°。从通风考虑，最佳朝向为南偏东 22.5°～67.5°。综合分析日照和通风，常州市住宅最佳朝向为正南至南偏东 15°，适宜朝向为南偏西 10°至南偏东 30°。要避免单调、呆板的行列式布局，应研究当地所最佳朝向和适宜朝向，采用调整住宅朝向或前后错动等手法创造丰富的空间效果。

2. 容积率与环境质量。容积率也称建筑面积净密度，即每公顷居住区用地所拥有的各类建筑的建筑面积或居住区总建筑面积与居住用地的比值，是居住区规划设计的一项重要的控制性指标。容积率是否合理是通过住宅建筑净密度和住宅建筑面积净密度两项指标来衡量的。在满足这两项指标的前提下，才能创造出较好的环境空间。目前，有些企业认为房子建得越多越好，片面追求容积率势必造成环境质量的低劣，以牺牲环境的代价以求出房率不仅不科学，也不一定能取得较好的效益。在商品经济时代，住宅商品的价值不仅取决于住宅单体本身的品质，环境质量也是住宅价值的重要组成部分。有的项目为了建设更多的商业用房，小区的四周全被商铺包围，使小区内产生压抑感，也不利于小区内外环境的交融。容积率的控制要与环境质量相结合，既有效利用土地资源，又创造良好的居住环境。

3. 人车分流。车为人而用，车因人而存。交通系统的设计应满足车对人的快捷方便使用，又要减少车行对人居环境的安静、安全的影响，既要人车分流，又要人车共处。绝对人车分流不经济也不方便。有的项目为了追求人车分流，地面不设车行系统，把地下室作为交通系统，是一种不科学的做法。地面车行道路不仅要满足日常生活用车的方便，更重要的作用是要满足消防、救护等安全需求。地面是否行车、停车是管理问题，而不是技术问题。合理的做法是区内尽量减少人车混行和人车交叉，可利用地面消极空间适当考虑地面停车，既减少对生活影响，又经济实用。

4. 建筑形态与环境质量。建筑形态包括建筑物的类型、建筑空间组合、建筑造型等。建筑设计是完成形象与功能有机结合的过程，建筑既是一种物质产品，又是一种艺术创作，它除了供人们从事各种活动以外，同时也是造型、空间和环境的艺术。从节地和环境角度考虑，中、高层住宅建筑形态将是我国住宅建筑形态发展的方向。中、高层住宅自然通风、采光、视线较好，又提供了垂直交通的便利，具有较高的舒适性，也容易创造丰富的环境空间效果，是相对经济的建筑形态。建筑自身形体的组合有利于创造高低变化、错落有致、收放有序的环境空间。建筑造型是创造具有个性特征和可识别性住区整体景观的重要方面。建筑形体、外立面材质、色彩等不仅对城市景观有重要的影响，也是居住区景观环境的第一窗口。建筑形体应造型简洁、尺度适宜，并体现地域特征，建筑色彩应淡雅、明快，并体现现代风格。

主要参考文献：

[1] 居住区详细规划课题研究组．居住区规划设计．北京：中国建筑工业出版社，1985.
[2] 田灵江．住宅产业与住宅产业化[M]．北京：中国城市出版社，2010.

6 康居示范工程引领住宅产业健康发展[①]

国家康居示范工程是住房和城乡建设部实施的以推进住宅产业现代化，引导住宅消费模式和建设模式转变，提高住宅品质的综合性示范工程。通过合理的功能设计、适用的技术集成和科学的组织管理，建设节能、节地、节水、节材、环保的高品质住宅，引领住宅产业健康发展。

一、总结经验，不断完善，探索省地节能环保型住宅建设新途径

近年来，住房和城乡建设部和各地建设主管部门积极推进住宅产业化，创建国家康居示范工程，通过样板引路，推广新理念、新技术、新成果，在引导住宅合理消费理念，推动住宅建设节能减排降耗，促进住宅建设模式转变，引领省地节能环保型住宅发展方面发挥了积极的示范和带动作用。到目前为止，已批准实施示范项目230多项，通过验收的项目80多项，分布在列入统计的28个省市区，主要以普通商品住宅为主，还有经济适用房、农村住宅、流动人口住宅、拆迁安置房等多种形式。国家康居示范工程基本代表了当前住宅设计的最新理念、技术集成的最新成果和建设管理的最高水平，成为各地住宅建设的样板工程，促进了住宅建设设计理念创新、技术集成创新和开发管理创新。在示范工程的带动下，住宅综合品质有了较大改善，住宅建设科技含量和

① 本文刊登于《住宅产业》2012年第2期。

产业化水平逐步提高，探索了住宅建设节能减排降耗、发展省地节能环保型住宅的新途径。

（一）建立了省地节能环保型住宅技术体系

通过几年来的实践和探索，完善了《国家康居示范工程节能省地型住宅技术要点》（已出版第四版）；总结示范工程建设经验，编制了《商品住宅装修一次到位实施导则》《居住区环境景观设计导则》《住宅设计与施工质量通病提示》《住宅工程质量控制要点》《国家康居住宅示范工程方案精选》等导向性技术规程和图书。通过开展示范工程优良部品与技术评估，已连续推出《国家康居住宅示范工程：住宅部品与产品选用指南》，并总结评估工作，建立了住宅部品与技术认证制度，逐步建立了以结构体系、外围护体系、厨卫体系、管线体系、智能管理体系、环境保障体系及建造体系等为主要内容的住宅产品与技术认证目录，为建设省地节能环保型住宅提供技术支撑。

（二）住宅小区规划建筑设计水平不断提高

示范工程突出设计理念创新，注重居住环境的均好性、多样性和协调性及室内空间的合理性，提高土地利用和使用面积利用效率，充分体现所在地域的自然环境和历史文化渊源，创造具有时代特点与地域特征的居住空间，营造自然、舒适、安全的居住环境。在居住模式、管理模式等方面，通过示范工程的引导，居住区人车分流、地下停车、智能管理、中高层和高层住宅等居住理念得到普及和推广。在合理利用地形、地貌，节约土地方面，也创造了很多经验。如：安庆的香樟里那水岸、黄石的山水明城等项目作出了典范。在引导中小户型方面，近几年的示范工程中小户型已成为趋势，力求面积不大功能全，较小的空间创造较大的舒适度。如：北京上河名居（70/90）、成都蓉华上林昭华苑项目，基本以70/90户型为主导，取得了很大成效，对引导中小套型发展起到了积极的作用。

（三）技术集成和应用有了新的进展

示范工程在住宅新型建筑体系与墙体应用、节能、节水、装修实用技术集成等领域取得了突破性的成果。康居示范工程积极推广新型建筑体系和墙体材料，所有示范工程彻底淘汰实心黏土砖。如：煤矸石建筑体系、CL建筑体系、混凝土砌块建筑体系、钢结构建筑体系等。在示范工程的带动下，一大批新型墙体材料得到普遍应用推广，同时也带动了新型墙体材料的开发、生产与推广应用。建筑节能是国家康居示范工程的重点，所有示范工程都要求从能源高效利用、围护结构、设备选型和运行管理全方位采取节能措施。建筑围护节能方面，推行屋面、外墙、门窗、楼地面一体化的系统节能技术集成，并率先在住宅建筑围护体系中推广应用双层中空节能门窗及遮阳技术等，提高了住宅建筑整体节能功效。近几年的康居示范工程基本上都达到节能50%以上，成为各地住宅节能的示范样板。如：石河子天富康城、泰安奥林匹克花园等。推广太阳能等新能源技术应用，在有条件地区，康居示范工程太阳能的使用率达到90%以上，用于热水系统和照明。同时，部分示范工程推广应用了地源热泵技术、海水源热泵技术等新能源技术。康居工程把住宅全装修作为新的突破口，要求项目必须有30%以上比例的全装修。通过示范工程带动，全装修住宅的理念已经被多数开发商和消费者所接受，并已成为一些地区商品住宅项目销售的亮点。国家康居示范工程项目在一些地区，率先在住宅小区建设中采用中水回用和雨水收集技术，用以解决小区绿化和景观用水，收到了良好效果，近几年实施的采用中水、雨水利用技术的项目达80%以上。示范工程积极推广垃圾生化处理技术，有机垃圾通过生物处理，达到了居住区垃圾减量化，对城市可持续发展是一个重大的贡献。同时，立体停车技术、箱式变电技术等节地新技术以及施工建造成套新技术在示范工程中大量推广应用，也取得了良好效果。

（四）探索建设省地节能环保型住宅技术路线

建设省地节能环保型住宅规划设计是基础、建筑设计是核心、技术集成是精髓、施工管理是保障，关键是坚持先进的设计理念、正确的技术路线和科学的管理方法，从住宅建设的全过程、住宅构成的全系统、住宅使用的全周期精心规划、精细设计、精密集成、精确施工、精良管理，全方位提高住宅建设“四节一环保”效能。

1. 规划设计是基础。住区规划设计就是从社会和经济的角度，物质和精神两方面，在有限的空间内，确保居民基本的居住条件与生活环境，经济、合理、有效地使用土地和空间，创造空间有序、出行便捷、功能齐全、环境优美的居住环境。规划设计重点是住区规划结构、住栋布局、道路交通、景观绿化、服务配套等，直接关系到居住功能、居住形态、出行方式、交往模式和管理方式，对引导科学合理的住宅消费模式具有重要意义，同时，科学的规划结构、适用的住宅群体布局、便捷的道路交通、和谐的景观环境、完善的服务配套都是住宅建设实现“四节一环保”的重要基础。

2. 建筑设计是核心。建筑设计的核心作用主要体现在住宅建筑设计不仅要解决居住功能布局问题，更要解决好建筑体系、部品体系技术产品接口问题，是技术、部品集成的关键环节。合理的功能空间、完善的厨卫配套、高效的设备管线、可靠的结构及简约的立面造型是住宅品质的保障，更是实现住宅产业化的核心。

3. 技术集成是精髓。居住品质包含功能质量、性能质量、工程质量、环境质量，评价住宅品质优劣的依据是《住宅性能评定技术标准》GB/T 50362—2005，从住宅适用性能、环境性能、经济性能、安全性能和耐久性能五个方面综合评定。综合分析住宅性能评定指标要求可以看出，决定住宅品质的因素除规划、建筑设计和施工保障外，最关键的因素是技术含量和技术集成水平。提升住宅性能质量的根本在于技术集成，技术是住宅品质的灵魂。住宅建筑是技术、产品的集成体，技术集成应本着先进、适用、高效的原则，目的就是取得 1＋1＞2 的效果。

4. 施工管理是保障。住宅施工要积极推行绿色施工，确保工程质量。完善预控手段，做好质量策划，根据项目的特点、难点、合同要求、质量目标等制定具体的质量管理目标、管理体系、各项规章制度及项目质量保证实施计划；完善预控措施，编制切实可行的施工组织设计、技术方案和措施交底，应突出其指导性、针对性和可操作性。把好过程控制关，做好土建和水电等工程协调管理工作，做到相互配合、相互协调；优选建材，严把原材料和部品质量关；做好施工工艺流程中各环节关键工作，严把工序关，施工中应严格按照图纸和规范要求施工，并严格执行自检、互检和交接检的“三检制度”；制定有效的成品保护措施，做好成品保护，巩固劳动成果。推广应用建筑施工与管理新技术，积极采用深基础土方支护技术、高强钢筋、预应力混凝土、粗钢筋连接技术及国家级工法。贯彻 ISO 9000 族质量体系标准和 ISO 14001 环境管理体系标准，开发、推广工程项目信息管理系统，提高施工现场管理现代化水平。

二、紧抓机遇，开拓创新，开创康居示范工程建设新局面

“十二五”规划明确提出：要以科学发展为主题，以加快转变经济发展方式为主线，坚持把加快经济发展方式贯穿于经济社会发展全过程和全领域，提高发展的全面性、协调性、可持续性，实现经济社会又好又快发展。住宅产业发展方式的转变就是要大力推进住宅产业现代化，提高住宅建设的产业化水平和住宅质量水平。国家康居示范工程在推进住宅产业化，提高住宅品质载体和样板，引领住宅建设方式转变和高品质住宅建设方面发挥了积极的示范作用。同时，随着房地产宏观调控和住房保障工作的深入推进，注重住宅品质和居住环境已成为住宅建设新焦点，为推进住宅产业化、建设高品质住宅创造了广阔的发展空间和难得的发展机遇。打造居住高品质，创造生活新价值，引领科学合理的住宅消费理念和资源节约型住宅建设模式是实施国家康居示范工程的宗旨和目标。通过设计理念创新、技术集成创新、管理机制创新提高住宅品质的康居示范工程建设理念已被业界广泛认同；面积适度品质优、功能齐全环境美、安全耐久寿命长、价格合理价值高的康居住宅品质内涵已被广大消费者认可；小面积创造好品质、少占地创造好环境、低投入创造好效益的康居住宅建设发展观已被开发企业广泛认知。国家康居示范工程发展迎来了良好的发展环境和机遇。

（一）突出特色保先进，技术集成保品质，发挥示范工程的示范引导作用

示范工程的建设与管理要按照科学发展观的要求，着力提高示范工程的创新点和示范引导性，以中小户型为重点，强化设计理念创新和实用技术集成，通过样板引路，引领省地节能环保型住宅发展。突出设计理念创新，提

高规划、建筑设计水平。重点引导中小户型设计，不断创新设计理念，在较小的空间内创造较大的舒适度。突出“四节一环保”技术应用，提高技术集成水平。在注重提高规划水平，提高土地利用率的同时，重点在住宅新型结构体系（如：钢结构、装配式结构等）、太阳能建筑一体化、工业全装修等方面有所突破，使示范工程建设成为节能省地型住宅的典范，引导住宅产业化发展。

（二）创新模式树样板，强化管理树名盘，发挥示范工程的示范带动作用

加强示范工程全过程管理，提高示范工程建设水平。要把设计理念、技术集成和管理模式创新作为示范工程管理的核心，始终保持示范工程的超前性和示范性。加强示范工程施工中期检查力度，加强对各关键技术环节的管理和培训工作；对工程质量出现问题较多的项目实施复查制度，并建立以省、市等地方行政主管部门、专家组成的地方监督和管理机制，充分发挥地方就近管理的优势；加大《工程建设标准强制性条文》的实施力度，进一步提高工程质量和施工管理水平，以确保示范工程自设计初期至建成验收后的全过程示范效应，真正推动地方工程质量及施工管理水平的整体提高，为示范工程的全面创优奠定基础。同时，把示范工程作为推进产业化的载体，深入推行住宅性能认定和部品认证工作，带动工作全面开展。加强管理团队建设，广泛吸纳经验丰富、视野开阔、年富力强、充满活力的年轻专家，建立一批高素质的专家智囊队伍，为示范工程的创新和发展提供智力支持和技术支持，不断提高示范工程的水平，扩大示范工程的影响。

（三）开拓创新引方向，探索经验促发展，为建设省地节能环保型住宅提供典型经验

继续抓好康居示范工程立项和验收总结工作，加大康居示范工程的宣传力度，扩大示范工程的覆盖面，争取填补贵州、青海、海南、云南等地区康居示范工程布点的空白。在新农村住房、廉租住房、公共租赁住房、经济适用房等新型住宅建设方面，创造新的示范工程建设经验。做好示范工程经验总结工作，总结典型项目经验，通过举办各种研讨会、现场观摩会等形式，交流总结示范工程的先进经验，带动省地节能环保型住宅的全面发展。

今天的特色将是明天的潮流，今天的样板将是明天的方向，我们要更新观念、求真务实，创立新思路、发展新技术、探索新模式，开创国家康居示范工程建设新局面，为推进住宅产业现代化，促进住宅产业发展方式转变作出积极的贡献。

7 推进住宅产业现代化 促进住宅建设方式转变[①]

发展人为本，小康居为先。住房问题是热点、难点，也是社会经济发展的重点领域。近几年，全国城乡每年新建住宅建筑面积达到 20 亿 m^2 左右，可见规模之大；住宅产业涉及冶金、建材、家具等 50 多个行业，可见带动力之强；住房关系安居乐业、国计民生，可见影响力之重。住宅与房地产业增加值占 GDP 比重达到 5.6%，已经成为国民经济发展的支柱产业，住宅产业持续健康发展为全面建成小康社会和实现中国梦发挥重要作用。

一、住宅产业发展现状与前景

近十年来，我国住宅产业发展取得了前所未有的成就，居民居住环境和居住条件得到明显改善和提升，人均住房面积提高到 2011 年的 32.7m^2。住宅与房地产业进入了快速发展阶段。主要表现在：

一是住宅与房地产开发投资快速增长。2012 年，全国房地产开发投资约 7.2 万亿元，比 2002 年增长 8.2 倍，年均增长 24.9%（图 1）。2002 年以来，住宅开发投资占房地产开发投资的比重一直维持在 70%左右。

二是住宅与房地产业增加值占 GDP 比重明显提高。2011 年，全国房地产业增加值约 2.7 万亿元，占 GDP 的比重达到 5.6%，比 2002 年提高 1.2 个百分点（图 2）。2009 年至 2011 年，房地产业的增加值占 GDP 的比重分别达到

① 本文刊登于《住宅产业》2013 年第 10 期。

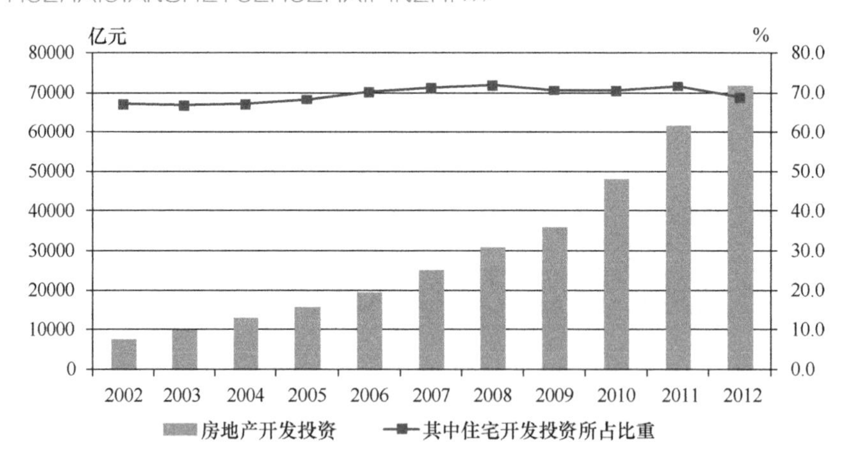

图 1　2002～2012 年全国房地产开发投资

数据来源：国家统计局

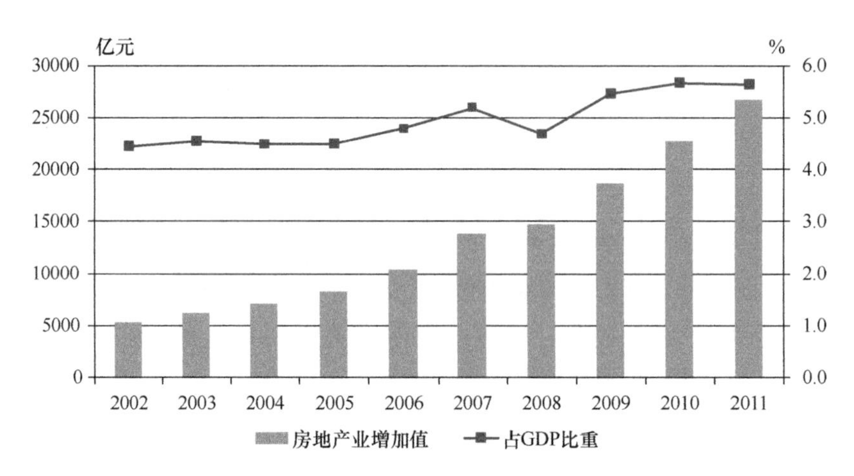

图 2　2002～2011 年全国房地产业增加值及占 GDP 比重

数据来源：国家统计局

5.5%、5.7%、5.6%。

三是住房建设规模明显扩大。2012 年，全国商品住房竣工约 7.9 亿 m^2，比 2002 年增长 1.8 倍，年均增长 10.7%（图 3）。2006 年以来，商品住房竣工面积占城镇住房竣工面积的比例保持在 70%以上。“十一五”期间，全国开工建设各类保障性住房和棚户区改造住房 1600 多万套，改造农村危旧房

203.4 万户。2011、2012 年全国城镇保障性安居工程分别新开工 1043 万、781 万套，基本建成 432 万、601 万套。

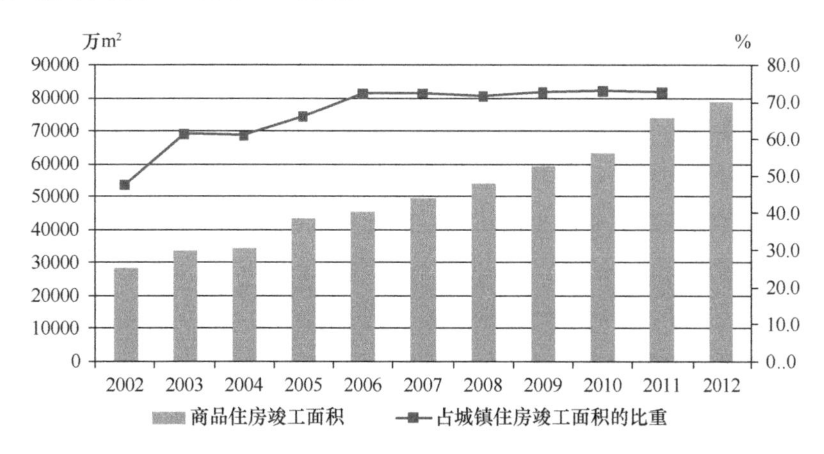

图 3 2002～2012 年全国商品住房竣工面积

数据来源：国家统计局，2012 年城镇住房竣工面积数据暂未发布

四是商品住房销售量迅速增长。2012 年，全国商品住房销售面积约 9.8 亿 m²，比 2002 年增长 3.2 倍，年均增长 15.3%（图 4）。2002 年以来，商品住房销售面积占商品房屋销售面积的比重一直维持在 90%左右。

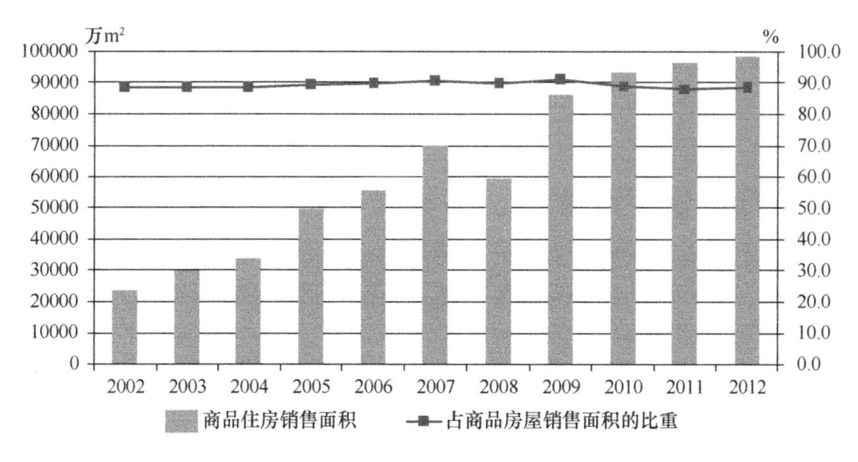

图 4 2002～2012 年全国商品住房销售面积

数据来源：国家统计局

随着全面建成小康社会战略的实施，住宅产业将迎来难得的历史发展机遇。**一是城镇化的快速推进**。我国城镇化率自改革开放初的20%左右提高到2012年的52.6%，预计到2030年将提高到65%～70%，未来二三十年将新增3亿左右城镇居民，城镇化的不断发展，将为住宅产业提供更广阔的发展空间。**二是改善型居住需求空间巨大**。住房苦乐不均现象仍然存在，旧有住宅的性能和环境有待改善。随着社会进步和经济发展，人们对居住的品质和环境提出了更高的要求，高品质新生活将带来巨大的市场需求。**三是保障性安居工程建设规模不断扩大**。"十二五"期间，我国将建设3600万套保障性住房，使全国保障性住房到2015年时覆盖面达到20%左右。大规模的保障性住房建设，将为住宅产业发展提供难得的市场机遇和发展空间。

尽管住宅与房地产业为拉动经济增长、改善居住条件发挥了巨大作用，但是，我们还应看到住宅产业发展面临一些突出的问题。主要表现：**一是粗放型发展模式尚未根本改变**。住宅产业发展仍以规模、速度为主，还主要处于依靠资金投入、土地增值、规模扩张的发展模式。**二是住宅生产方式尚未根本改变**。技术产品尚未形成标准化、系列化、配套化的生产体系，住宅建设尚未摆脱传统建造方式。**三是产业技术集成度低、生产效率低、资源利用率低、住宅综合品质低**。我国是人口大国，又是资源能源相对匮乏的国家，要解决好人口大国的住房问题，保持国民经济的持续健康发展，建设美好家园，住宅产业发展必须走出一条适合国情的工业化、城镇化发展的新路。

二、推进住宅产业化，实现住宅建设方式变革

推进住宅产业现代化，加快转变传统住宅建造方式是新时期住宅产业发展的重大课题，也是贯彻落实党的十八大提出的加快转变经济发展方式、推进生态文明建设的具体举措。纵观我国住宅产业化发展所走过的历程，住宅建设水平和技术发展水平在逐步提高，也取得了显著成效。但总体来看，住宅产业化的发展进程与国民经济的发展不相协调。其主要原因在于：产业化技术研究的投入与经济政策支持不够、标准规范的制定滞后等，阻碍了住宅产业化的快速发展。推进住宅产业化应以市场需求为导向，以生产方式变革为突破口，以大

型企业集团为推动力，遵循“政府引导、企业参与、市场推进”的原则，政府应该在法律法规、标准规范、政策激励等方面做好基础工作，引导大型企业集团积极推进，激发市场主体推进住宅产业化的积极性、主动性和创造性。

（一）以需求为导向，准确把握需求特征

品质是永恒主题，室雅何须大，花香不在多。住宅的品质包括功能质量、性能质量、环境质量、工程质量、价值质量和服务管理质量等。**一是中小户型仍是市场主流**。从当前世界发达国家的居住状况统计资料看，户均建筑面积在 80～100m²，是比较稳定、普遍接受和相对看好的户型。曾经流行的“三大一小——大客厅、大厨房、大卫生间、小卧室”户型设计理念也需要改进。随着社会发展、社会服务专业化及生活方式的变化，人们的主要活动都在户外完成，三大功能空间发挥不了应有的作用。未来居住的模式应该是“小户大家”的生活模式，即小户型、功能配套齐全的社区服务，社区成为大家庭。**二是精细化设计是品质的前提**。经济、合理、有效地使用土地和空间，创造空间有序、出行便捷、功能齐全、环境优美的居住环境。住宅室内空间布局紧凑、面积配置合理，空间利用高；住宅的保温隔热、采光通风、建筑隔声、设施设备性能优良，在较小的空间内，创造较高舒适度。**三是成品房将逐渐成为趋势**。长期以来，毛坯房的供应方式阻碍了产业化的推进，也带来安全隐患、材料浪费、环境污染等问题，实现主体结构与装修施工一体化，建设成品住宅是未来市场的需要，也是实现住宅生产方式变革的需要。

（二）突破关键技术，实现生产方式变革

新型住宅工业化就要以标准化带动工业化，以工业化促进信息化，实现住宅产品标准化设计、工业化生产、机械化安装、信息化管理的现代化建造方式。其优点是“SQSEE”——S-Speed（速度）、Q-Quality（质量）、S-Safty（安全）、E-Envirenment friendly（环境友好）、E-Economic（效益）。资料显示，采用预制装配式建筑体系，施工模板可减少 85%、脚手架用量减少 50%、节能 70%、节水 80%、节材 20%、节地 20%、节时 70%，减少建筑垃圾 83%、节省人工 20%～30%，缩短工期 30%～50%等。推行工业化住宅建造方式必须解决下列问题。**一是建筑体系标准化**。建筑体系标准化是实现工业化建造的基础。建筑体系主要是承重结构体系和围护结构体系。目前国内从事住宅装配式结构研究开发单位有万科、远大住工、杭萧钢构、北新房屋等十几家，同类型结构的基本思路是一致的，在局部技术处理上各有所长，在研究、试点的基础上，应逐步由专用体系走向通用体系。**二是构件部品系列化**。轻质墙板、复合墙板、保温装饰一体化墙体等相匹配的新型围护体系；整体厨卫、外遮阳技术、节能门窗；电力设备、电梯设备、供水设施设备、照明设备、空调与除湿设备、电气设备、散热设备、智能管理设备、空气净化设备及热回收通风技术与设备等门类齐全、节能高效的住宅节能设备等。**三是技术系统成套化**。保温、隔热、隔声、装饰一体化成套技术；供热系统的调节控制与热量计量技术、热转换技术、高效热传输技术、供暖运行智能管理、热电冷联产联供及新能源利用等成套技术。**四是设计、施工、管理一体化**。从项目策划、规划设计、建筑设计、生产加工、运输施工、设施设备安装、装饰装修及运营管理等全过程统筹协调，形成完整的一体化运行模式。

（三）企业转型升级，走集团化发展之路

目前，我国房地产开发企业以项目公司来运作，仅仅只是资金的运作者，只能靠规模发展，不利于产业化的推进，无法实现生产方式的变革。房地产开发企业要实现三大转变：由数量扩张→质量提升→品牌战略；资金运作→资源整合→产业联盟；地产开发→多元化生产→企业集团。同时，其他致力于推进住宅产业化的建筑企业及相关企业也应走以开发为龙头的集团化发展道路，有利统筹协调、减少中间环节、提高工效，也符合产业结构调整、做大做强、发挥规模优势的市场发展需要。推行新型工业化必须培育和发展一批以房地产开发为龙头，集技术部品研发生产、技术集成、技术推广及运营管理为一体，符合住宅产业现代化要求的产业关联度大、带动能力强的企业集团，发挥企业的集聚优势，凝聚一批自主创新能力强、实力雄厚的企业形成产业联盟，集中力量突破住宅标准化、工业化建筑体系和通用部品体系的研究开发，逐步形成符合节能、节地、节水、节材等资源节约和环境保护的住宅产业化成套技术体系，发挥企业集团推进住宅产业现代化的主导作用，促进住宅生产、建设方式的根本性转变。

三、以康居示范工程为载体，引领住宅产业化发展

国家康居示范工程是以住宅小区作为推进住宅产业化，提高住宅品质的载体和样板，以实现住宅建设“节能、节地、节水、节材和环保”为核心，通过推广新理念、新技术、新成果，全面提高住宅质量和性能，带动住宅建设整体水平的提高。打造居住高品质，创造生活新价值，引领科学合理的住宅消费理念和资源节约型住宅建设模式是实施国家康居示范工程的宗旨和目标。设计理念创新、技术集成创新、管理机制创新、提高住宅品质是康居示范工程的建设理念；面积适度品质优、功能齐全环境美、安全耐久寿命长、价格合理价值高是康居住宅品质内涵；小面积创造好品质、少占地创造好环境、低投入创造好效益是康居住宅建设发展观。国家康居示范工程实施多年来，已经取得了显著成效，代表了当前住宅设计的最新理念、技术集成的最新成果和建设管理的最高水平，成为各地住宅建设的样板工程，在引领住宅建设方式转变和高品质住宅建设方面发挥了积极的示范带动作用（图 5～图 9）。

（一）节地

通过科学合理的规划设计、建筑功能精细化设计和产品技术优化，合理布局，空间及地形、地貌、既有建筑充分利用，提高土地利用率。

（二）节能

通过科学的规划和建筑设计、能源合理利用、住宅建筑构造、建筑设备优化和科学运行管理等方面，降低能耗，提高节能效率。

（三）节水

从供水系统、用户终端及水资源的回收利用等方面提高水资源利用率。供水系统节水措施包括减少管线漏损、水质与水压保障、供水管线材质等；用户终端节水措施包括节水型器具、绿化浇灌技术等；水资源回收利用包括雨水收集利用、中水回用等（图 8）。

（四）节材

通过结构体系、建筑材料、建筑装修、建筑施工和废弃材料再生利用等方面来实现（图 9）。同时，简洁的建筑造型、自然景观环境营造等方面有很大的节材潜力。

(a)

(b)

图5 深圳龙悦居（三期）国家康居示范工程

(a)

(b)

图6 长沙远大住工宁乡蓝色港湾国家康居示范工程

(a)

(b)

图 7　杭萧钢构包头万郡大都国家康居示范工程

图 8 雨水回用补水景观池

图 9 淄博天府名城 CL 墙体

（五）环保

包括室内环境和住区环境。室内环境要通过合理设计，尽可能采用自然通风、采光；采用环保型部品、材料，尽可能采用工业化装修等来保证。室外环境要通过增加绿量，尽可能采用立体绿化，增加乔木等改善住区环境；利用清洁能源及自然能源、水资源再利用、生活垃圾减量化处理与利用等，减少对居住环境的负面影响。

8 住宅产业发展新常态[①]

我国住宅与房地产业经过近20年的快速发展，已经取得了前所未有的成就，居民居住环境和居住条件得到明显改善和提升，城镇人均住房面积提高到2015年的35m^{2}左右，大多数城镇家庭已经从“有所居”向“优所居”和“又所居”住房需求转变，住宅与房地产业伴随中国经济已进入新常态。新常态意味着中国经济正由“衣食住行”驱动的依赖低成本、高污染和人口红利的经济增长模式向“科教文卫”主导的“创新驱动、产出高效、产品安全、资源节约、环境友好”的发展模式转变。新常态下，住宅产业发展的主要目标是提质增效，减排降耗，主要任务是“去库存、消产能、调结构、转方式、推棚改、保民生”，巩固房地产市场向好态势。住宅产业发展呈现了新的特征和发展趋势。

一、品质是永恒主题

“品质恒久远”这是永不衰败的命题。品质是企业、行业发展生存之本、效益之源、品牌之基。无论房地产市场如何变化，高品质住房总是供不应求，受市场青睐。库存的产生是供给不合理，其直接原因是住房的品质、功能不适应市场需求，有效供给不足。提高住宅品质和有效供给是“供给侧结构性改革”的重要内容，也是“去库存、消产能”的有效手段。

（一）住宅品质内涵

住宅的品质按经济属性分为适用性能、安全性能、耐久性能、环境性能、

① 本文刊登于《住宅产业》2016年第7期。

经济性能。按照社会属性可分为功能质量、性能质量、环境质量、工程质量、价值质量和管理质量。据有关研究表明：20℃左右的室温最让人舒服，也是睡眠最佳温度；超过25℃人体开始从外界吸收热量，会有热的感觉，睡眠会变浅；超过35℃人体汗腺开始启动，通过出汗散发体内热量，会出现心跳加快、血液循环加速、头昏脑胀、疲劳等不适感觉；温度在18℃以下，人体会向外散热，会有冷的感觉，也不容易进入深度睡眠。室内湿度40%～70%是理想湿度，当室内湿度低于40%，灰尘、细菌等容易附着在黏膜上，刺激喉部，引发咳嗽，同时容易诱发支气管炎、哮喘等呼吸系统疾病，湿度太大也不利于健康，人会感到恶心、食欲不振、烦躁、疲倦、头晕等。按照我国室内空气标准，冬季室内湿度应控制在30%～60%，老人和小孩适合的室内湿度为45%～50%，哮喘等呼吸系统疾病患者适宜的室内湿度为40%～50%。室内二氧化碳要低于1000ppm，悬浮粉尘浓度要低于0.15mg/m^2。室内光线尽量保持柔和、均匀，无炫目和阴影，可调光源的亮度控制在60%～80%，最大亮度不超过90%。室内噪声小于50分贝，日照保持3小时/天，通风换气的最佳时间在9～11时和14～15时，进行定时换气。性能质量就是保证居住的舒适度，让人感觉到最佳状态。环境质量包括简洁的建筑造型、悦目的色彩调配、完善的设施配套、便捷的交通组织、优美的绿化景观、丰富的休闲娱乐场地、智能的管理系统等。环境质量就是提供便利、舒适、惬意的居住环境和条件。工程质量包括建筑结构的安全可靠性、建筑防灾防火、燃气电器设备安全性、防坠落安全防范、污染物控制以及门窗设施、管线设备、防水防潮和装饰装修的耐久性等。工程质量就要确保居住的安全性和住宅的经久耐用性。价值质量主要指住宅的性价比。性价比越高，住宅价值越大，使用价值越高，让人们觉得物有所值、投有所获。管理质量包括物业管理、维护保养、社区文化等。管理质量是保持品质、提升品质，创造品牌、维护品牌，创造价值、提高价值的有效途径。高品质住宅可概括为面积适度品质优、功能齐全环境美、安全耐久寿命长、价格合理价值高。

（二）住宅发展的形态

基于我国土地与人口、能源资源环境的要求及社会发展趋势，我国住宅有着特殊的发展特征。**一是高层集合式住宅是发展的主流**。我国人多地少，正处在城镇化快速发展时期，城镇化率自改革开放初的20%左右提高到2015年的56.1%，预计到2030年将提高到65%～70%，未来二三十年将新增3亿左右城镇居民，同时改善型住房需求空间很大，保障性住房和棚户区改造工程覆盖面逐步扩大，住宅发展的空间仍然巨大。低层、多层住宅出房率低，土地利用效率不高。要解决好人口大国的住房问题，保持住宅产业持续健康发展，实现住有所居，城镇住宅将以中高层建筑形态为主。**二是中小户型是市场的主体**。从世界发达国家的居住状况统计资料看，户均建筑面积在80～100m^2，是比较稳定、普遍接受和相对看好的户型。随着我国人口、家庭结构及生活方式的转变，2+1（2）人员结构的家庭成为核心家庭，90m^{2}左右的户型将成为市场主体。同时，90m^{2}户型经过精细化设计，既经济实用又适应多数家庭的支付能力。**三是成品住宅是产业发展的必然**。毛坯房是一种半成品，满足不了居住的功能。二次装修已成为“公害”，造成资源浪费，环境污染，也不适应标准化、工业化和集成化的产业化发展要求。实现土建、装修一体化规划设计、一体化施工安装、一体化管理维护是保证品质的前提，是实现住宅生产方式变革的具体举措，也是住宅产业“调结构、转方式”的有效途径。**四是适老化住宅将是市场新亮点**。根据联合国定义，当一个国家或地区60岁及以上人口的比重超过10%，或65岁及以上人口的比重超过7%时，通常认为这个国家或地区进入老龄化。到2014年底，我国60岁及以上人口已达到2.12亿，占人口总量的15%，标志着我国已经进入老龄化社会，未来老年人口数量还将增加，并将成为世界上老年人最多的国家。根据我国国情及发达国家的经验，社区居家养老将是养老的主要模式，也是比较科学和被广泛接受的老年人生活方式。国家已经出台了《老年人居住建筑和设施的相关规范》，对适老住宅提出具体要求。适老化住宅加上满足老年人活动设施和环境就是理想的居家养老社区。

二、产业化是发展趋势

住宅产业化就是住宅生产的产业链之间有序、密切、配套生产，协同发展的社会化大生产，是社会化生产的再次分工，实现专业化的生产方式，做到系列开发、规模生产、配套供应，形成紧密的协作生产关系，有利于提高产品质量，提高生产效率，是产业发展的必然趋势。

（一）产业化的前提和条件

一个产业要实现产业化必须具备几个条件和基础：一是产业具有一定的规模，适合社会化大生产，这就是所谓的规模效益。二是具有相互关联的产业链，产业链之间既关系紧密又互不冲突，有利于各部品部件的专业化生产。三是产业的最终产品功能具有类同性。产品功能的类同性是具备标准化、工业化生产的基础条件。四是具有产品集成能力的大型企业。发挥企业的集聚优势，凝聚一批专业化生产能力强、产品质量好的部品部件生产企业，形成既分工又协作的大生产体系。我国的住宅产业量大面广，以住宅为最终产品的产业链较长，从事有关住宅设计、部品部件生产、施工安装、运营维护的企业较多，一大批大型开发企业、施工企业集团具备产业化生产的条件，住宅产业是最适宜产业化生产的新型产业。

（二）住宅产业化内涵和标志

住宅产业化就是以住宅为最终产品，将住宅的开发组织策划、规划建筑设计、部品部件生产、施工安装建设、运营维护管理等环节连接为完整的产业系统，通过标准化、模数化、信息化手段，形成住宅的生产、供给、管理一体化生产组织形式。具体来说就是利用标准化设计、工业化生产、装配化施工和信息化管理等方法来建造、使用和管理住宅的生产建设管理活动，达到提高品质、减少消耗，提高效率、减少排放的绿色化发展目标。其根本标志是标准化、工业化和信息化，住宅产业化是工程建设领域推进绿色发展、循环发展、低碳发展，节约集约利用土地、水、能源等资源，优化产业结构，转变建设方式，全面提升住宅品质的有效途径。

（三）产业化与装配式建筑的关系

住宅产业化不等于装配式建筑，而涵盖了更广泛的内容。装配式建筑是产业化的一种表现形式，是产业化最理想的表现。但是要实现“像造汽车一样造房子”的目标，还有很大的差距。建筑结构受力构件要完全实现工厂化生产，其连接部位的刚度、可靠度难以满足结构安全性要求，尤其是混凝土结构建筑。《装配式建筑评价标准》GB/T 51129 的基本要求为：预制率应不低于 20%，装配率不低于 50%。建筑除了受力构件外，其他部品部件完全能够实现工厂化生产。当前，我国建筑工业化水平在逐步提高，如：商品混凝土泵送、大模板、钢筋工厂化加工、预制桩地基基础施工、整体厨卫、外保温饰面一体化、建筑设施设备等技术的工业化、专业化水平不低于国际水平。这都属于产业化范畴，产业化的最终目标是提高品质、提高效率，预制率、装配率仅仅是保证品质、增加工效的一部分指标。

三、转型升级是发展方向

我国已进入全面建成小康社会的决胜阶段，正处于经济转型升级、加快推进社会主义现代化的重要时期。优化产业结构、产品更新换代、企业转型升级是实现经济发展方式转变的具体措施。目前，从事有关住宅产业的设计、建材部品生产、施工安装、房地产开发等企业数量庞大、参差不齐，但生产规模、生产能力、综合实力强的企业不多，更缺少具有集聚优势和技术集成能力的大型企业集团。企业重组、强强联合、转型升级、做大做强是提高核心竞争力、走产业化发展道路的必然选择。

（一）企业转型升级，走集团化发展之路

随着全面深化改革的不断深入，政府逐步减政放权，充分发挥市场对资源配置的决定性作用，还建筑业自由市场竞争，靠核心竞争力的时代正在到来。房地产开发企业要实现由数量到质量、由单项业务到多种经营、由项目公司到企业集团的转变。建筑施工企业要实现由总承包管理向研发、生产、施工安装一体化的实业型企业、由劳务人员向产业工人、由单一施工安装向以开发为龙头的集团企业转变。集团化企业有利统筹协调、减少中间环节、节约成本、提高工效，也符合产业结构调整、做大做强、发挥规模优势的市场发展需要。

（二）立足本业，走多元化发展道路

改革开放 30 多年的快速发展，现已进入结构调整、转型发展的新时期，出现了新的投资领域。**一是老旧建筑改造**。据估算，我国城市有近 400 亿 m^2 的既有建筑，大约有一半必须进行各种各样的修补改造。住房和城乡建设部去

年对全国2000年以前建成的居住小区进行初步统计，总面积为40亿m^2左右。基本上是以低租金福利性住房为主，由于当时的经济、技术、体制等方面因素，住宅建设标准较低，住宅的功能、性能、环境、设施及工程质量等不能满足全面建成小康社会的要求。老旧小区节能宜居改造、环境设施改造的市场潜力很大，粗略估计约有10万亿元左右的投资需求，是投资置业的较好选择。**二是发展住房租赁市场**。《国务院办公厅关于加快培育和发展住房租赁市场的若干意见》（国办发〔2016〕39号）明确提出："发展住房租赁企业，鼓励房地产开发企业开展住房租赁业务，支持租赁住房建设；加大政策支持力度，对依法登记备案的住房租赁企业、机构和个人给予税收优惠政策支持，鼓励地方政府盘活城区存量土地，采用多种方式增加租赁住房用地有效供应"。多元化住房供应体系是我国住房制度的发展方向，住房租赁市场是新型行业，有巨大的发展前景。**三是城市公共服务和城市宜居环境建设**。《中共中央　国务院关于进一步加强城市规划建设管理工作的若干意见》（中发〔2016〕6号）（以下简称"中央6号文件"）对完善城市公共服务和营造城市宜居环境提出具体的要求，由此呈现许多新的投资领域。如：棚改安居工程建设、建设地下综合管廊、海绵城市建设（海绵型建筑小区）、恢复城市自然生态、污水大气治理、垃圾综合治理等。企业通过多种方式可参与到城市环境建设，如：BOT、PPP等建设新模式。

（三）合作共享，共创共赢模式

党的十九届五中全会上提出要牢固树立和贯彻落实创新、协调、绿色、开放、共享的新发展理念。五大发展理念适用于各行各业，贯彻于各项工作都将取得又快又好的效果。当今时代是一个合作共赢的时代，资源共享的时代，优势互补的时代，一家企业能与多少企业合作就能成就多大的平台。作为龙头企业要发挥龙头作用，整合社会资源、集成众家之优，形成整体合力，实施品牌战略，提高企业的核心竞争力。

四、发展新型建造方式，大力推广装配式建筑

中央6号文件明确提出："大力推广装配式建筑，制定装配式建筑设计、

施工和验收规范。完善部品部件标准，实现建筑部品部件工厂化生产。鼓励建筑企业装配式施工，现场装配，力争用10年左右时间，使装配式建筑占新建建筑的比例达到30%。积极稳妥地推广钢结构建筑，倡导发展现代木结构建筑”。建筑实现工业化生产、装配化施工是工程建设方式的重大变革，是住房和城乡建设领域一项重要工作。住房和城乡建设部正在积极制定有关推广装配式建筑的发展规划、技术管理、政策措施等工作，积极推进装配式建筑大发展。

（一）几种装配式建筑体系的特点

目前，装配式建筑主要有钢筋混凝土结构、钢结构、木结构等几种形式。钢筋混凝土结构建筑体系，主要包括框架结构体系、剪力墙结构体系和框架-剪力墙结构体系等形式。在住宅中广泛应用的是剪力墙结构体系和框架-剪力墙结构体系。这两种体系按照技术体系又分为内浇外挂结构体系（远大住工）和预制装配整体式结构体系（龙信集团）。内浇外挂体系的特点是外墙、非承重墙、楼梯及非受力构件等采用预制，梁、楼板采用叠合，剪力墙、柱、电梯井等承力部位采用现浇。此体系也叫等效现浇结构体系，优点是结构整体刚度好、节点安全性可靠，缺点是预制率低。预制装配整体式体系是全部或部分剪力墙、柱采用预制，梁、楼板采用叠合，结构连接技术主要包括钢筋套筒灌浆和钢筋浆锚搭接等。此体系优点是预制率高、安装速度快，缺点是运输吊装精度要求高，结构节点质量控制要求高等。

钢结构建筑体系。“轻、快、好、省”“钢结构建筑最适合建筑工业化建造”是同济大学沈祖炎院士对钢结构建筑特点的最好诠释。钢结构体系具体有以下特点：一是钢结构建筑结构理论完善，强度高，自重轻，整体刚性好，抗震性能好，是比较成熟的建筑体系。二是钢材具有良好的机械加工性能，适合工厂化生产和加工制作。能实现循环利用，可拆卸异地重建。实现绿色施工、节能环保，大幅度减少施工垃圾，降低施工污染。三是与混凝土相比，钢结构较轻，适合运输、装配。四是钢结构适合于高强螺栓连接，便于装配和拆卸。采用钢桁架支撑压型钢板-混凝土组合楼板形成主板，集成了楼板、轻质墙板和水暖电等管线综合。施工现场做到“无火、无水、无尘、无垃圾”。五是装配率高。90%以上的部品部件能在工厂生产，便于实现机械化快速施工安装，缩短工期，提高效率。

木结构建筑体系。木结构分为轻型木结构和重型木结构体系。轻木结构体系在加拿大、北美、日本等国家广泛应用。通过不同形式的拼装，形成墙体、楼盖、屋架。其主要抵抗竖向力及水平力的体系是由规格材、覆面板组成的轻型木剪力墙。该结构整体性较好，施工便捷。缺点是结构跨度小，无法满足大开口、大空间要求。重型木结构体系采用工程木产品及方木或者原木作为承重构件的大跨度梁柱结构。包括梁柱框架结构，正交胶合木（CLT）剪力墙结构，拱、网壳类结构体系等。木结构体系自重轻、易工厂化生产、安装施工方便；木结构房屋健康、节能、环保、舒适，更重要的是木材是可再生、可利用资源，使用木材不会造成环境污染，但木结构仅适用于低层房屋。

一般来说，钢结构体系和木结构体系装配化率最高，技术、标准、规范比较成熟，在国内外都很流行。

（二）装配式建筑应用情况

回顾我国住宅工业化发展历程，在这方面有许多经验和教训。20 世纪七八十年代，通过大规模引进欧、美、日本等技术与设备，建立起了建筑构件厂、门窗厂等产业门类齐全的住宅工业化生产体系。提出了住宅工业化的“三化一改”方针，即设计标准化、构件生产工厂化、施工机械化和墙体改革，重点发展了大型砌块住宅体系、大板（装配式）住宅体系、大模板（内浇外挂）住宅体系和框架轻板住宅体系等，推广住宅标准化设计图集，建造了一大批 PC 大板体系、预制装配式住宅，但由于当时的经济、技术条件等限制，出现了外墙渗漏等一系列质量问题，使发展装配式住宅出现了意见分歧。近年来，由于城镇化的持续推进、人口结构不断变化、建设“两型社会”、节能减排的迫切要求及巨大的住房需求，发展装配式住宅又成为行业发展的关注点。国内一批大型企业积极进行研究与探索，部分地区和项目建设实践也取得了一定的经验和初步成效。如万科建设的深圳保障性住房龙悦居（三期）项目实现了“四化”：图纸标准化、施工工厂化、管理可视化、现场整洁化。施工全过程采用“四化”管理，生产效率与工作质量大大提升。长沙远大住工建设的长沙宁乡蓝色港湾项目具有五大优势：质量好、工期短、成本低、安全、环保。杭萧钢构建设的包头万郡大都项目一期工程已经竣工，北新房屋建设的成都青白江新农村等项目，都取得了成效。但是，我国装配式住宅发展还处于初级阶段，尽管有许多企业进行研究探索并取得初步成效，但还存在诸多问题。**一是技术标准滞后**。装配式住宅的设计、生产、安装施工、验收评定等技术标准还尚未建立，尤其是不同类别的装配式住宅结构抗震性能评价标准等尚不健全，试点成果无法大规模推广。**二是建造成本偏高**。目前装配式住宅的建造成本比传统方式成本高 500 元/m^2 左右。原因有：未形成大规模生产，规模效益无法体现；同时，工业化生产属生产企业，构件工业化生产产品要交纳 17%的增值税，增加了生产成本；建设管理体制也是造成成本增加的原因之一。**三是项目建设管理体制不利于装配式住宅发展**。目前具备总承包资质的企业不具备专业化生产能力，尤其是装配式住宅生产、安装的能力，具有装配式生产能力的企业并不多，少数具备能力的企业又无承包项目资格，造成专业化公司还要挂靠的现象，增加了管理成本。同时，装配式有利于建造成品住宅，成品住宅又会增加企业税费。为此提出如下思考和建议：

（三）需要突破的主要问题

要实现住宅产业化，发展装配式住宅，**一是建筑体系的标准化和通用化**。它是实现工业化生产建造的基础。建筑体系主要是承重结构体系和围护结构体系。**二是部品部件系列化、配套化**。如厨卫设施、门窗等配套部品满足标准要求。**三是配套技术系统化和成套化**。如节能及新能源利用技术、施工建造技术、智能管理系统技术、BIM（建筑信息模型）等成套技术要适应不同体系的要求。**四是健全完善标准体系**。要不断完善工业化建筑的设计、生产、安装、验收、维护的技术标准，为加快推进住宅产业化提供技术支持。

（四）发展装配式建筑的政策支持

经济政策支持，理顺管理体制，创造自由平等市场竞争环境是发展装配式建筑的有力推手。**一是建立统筹规划、经济支持与政策激励的运行机制，加快装配式住宅发展进程**。目前，对预制装配式住宅缺乏统一规划和政府引导，导致一些企业盲目跟风，不管是否具备条件，都以装配式住宅为噱头，大有一哄而起之势。所以国家应制定装配式住宅发展的顶层设计，加强管理，正确引导，统一规划。将致力于工业化住宅研究的企业、科研院校进行资源整合，重点突破，分步实施，有序推进。建立研究开发、建筑设计、技术推广与运营管理一体化的生产模式。对从事技术研究的企业、事业单位给予一定的资金支持，同时，对从事工业化住宅研究开发的企业在信贷、财税及试点项目建设收费等方面给予优惠。建立项目建设条件意见书制度，将装配式住宅的要求在土地招拍挂或出让时纳入评价条件，并对符合绿色建筑标准的示范项目给予经济政策奖励，政府投资建设的保障房建设项目应率先推广试点。**二是加快项目建设体制改革，创造有利于装配式住宅发展的市场环境**。要研究解决适应于工业化住宅研发、生产、推广应用的项目管理体制，鼓励大型企业集团采用生产、设计、安装与管理一体化的社会化大生产模式发展。加快施工企业营业税改增值税进程，优化建筑企业结构，淘汰技术力量薄弱以及挂靠、分包小队伍，促进建筑业结构调整。改革现有的以项目公司运作的房地产开发管理体制，以利于开发企业统筹协调发展。**三是扶持和培育大型企业集团，激发市场主体推进住宅产业化的积极性、主动性和创造性**。装配式住宅发展必须实现设计、施工、管理一体化。从项目策划、规划设计、建筑设计、生产加工、运输施工、设施设备安装、装饰装修及运营管理等全过程统筹协调，形成完整的一体化运行模式。目前，我国房地产开发企业以项目公司来运作，仅仅只是资金的运作者，只能靠规模发展，不利于产业化的推进，无法实现生产方式的变革。同时，其他致力于推进住宅产业化的建筑企业及相关企业也应走以开发为龙头的集团化发展道路，发挥集聚优势，凝聚一批自主创新能力强、实力雄厚的企业形成产业联盟，集中力量突破住宅标准化、工业化建筑体系和通用部品体系的研究开发，逐步形成符合节能、节地、节水、节材等资源节约和环境保护的住宅产业化成套技术体系。**四是加强组织领导，建立和完善住宅产业现代化的推进机制**。各级建设主管部门要将推进住宅预制装配式住宅作为推进住宅建设方式转变，促进绿色建筑发展，提高品质性能的重要工作，统筹规划、统一协调、有序推进，形成整体合力。推进以住宅为重点的建筑产业现代化是全面深化建设行业改革的重大课题。发展装配式住宅要根据各地区经济、技术及自然条件，在传统建造方式基础上，不断提高工业化生产水平，由点到面、由局部到整体，因地制宜、稳步发展，逐步探索出适应本地区的产业化发展之路。

主要参考文献

[1] 仇保兴．关于装配式住宅发展的思考[J]．住宅产业，2014(Z1)，2-3：10-16.

[2] 田灵江．住宅产业与住宅产业化[M]．北京：中国城市出版社，2010.

[3] 国家住宅与居住环境工程技术研究中心．居住与健康[M]．北京：中国水利水电出版社，2005.

9 新时代住宅建设新方向[①]

我国住宅建设随着国民经济持续快速发展，已经取得举世瞩目的成就。据统计，2016 年全国居民人均住房建筑面积为 40.8m^2，其中城镇居民人均住房建筑面积为 36.6m^2，农村居民人均住房建筑面积为 45.8m^2，城乡居民的居住条件和居住环境得到了极大提高。我国的住宅建设大致经历了大规模建设、数量与质量并举的发展阶段，即将进入品质与功能提升的新阶段。

一、新时代住宅建设新要求

党的十九大提出了中国特色社会主义新时代、新思想、新矛盾和新目标的重大政治论断，阐明了党的历史使命，确立了习近平新时代中国特色社会主义思想和基本方略，绘就了全面建设社会主义现代化国家伟大梦想新蓝图，是奋进新时代、开启新征程的政治宣言和行动纲领，是我们各项工作的行动指南。新时代住宅建设要全面贯彻落实党的十九大精神，坚持基本方略，贯彻新发展理念，提高保障和改善民生水平，建设美丽中国。**坚持以人民为中心，把人民对美好生活的向往作为奋斗目标**。这是新时代住宅建设的基本出发点和落脚点。衣食无忧、住行满意，个人全面发展、全体人民共同富裕是以人民为中心的基本要义。发展人为本，小康居为先。当前，住房是人民群众最直接、最关心、最迫切的对美好生活需要的向往。尽管我国的住宅建设取得了巨大成就，城乡居民居住环境和条件得到较大改善，但是要解决好 13 亿人口大国的住房

① 本文刊登于《住宅产业》2008 年第 1 期。

问题，保持住宅产业持续健康发展，实现住有所居、全面小康的目标，还面临巨大的困难，住宅与房地产业将迎来新的发展机遇和挑战。

（一）坚持住有所居、安居乐业，保证全体人民有更多的获得感

这是坚持在发展中保障和改善民生的具体举措，要落实好这一措施，必须认清形势、把握内涵、找准方向。**一是清醒认识我国住房市场新矛盾，**新时代我国社会主要矛盾已经转化为人民日益增长的美好生活需要和不平衡不充分的发展之间的矛盾。住房市场的主要矛盾是市场需求与发展不均衡的矛盾，住房苦乐不均现象依然存在，住房发展不均衡的主要表现：**(1) 总体居住水平分布不均衡**。部分地区城镇居民家庭人均住房建筑面积在 20m^2 以下的占比达 29%，还有将近 28%的家庭居住在不具有独立厨卫设施的非成套住房中。**(2) 地区间差异大**。大城市住房条件相对紧张，支付负担过重。个别小城市还出现库存，区域间差异较大。**(3) 不同群体间差距大**。新市民的居住条件与城镇老居民还有很大差距。随着城镇化快速发展，农业转移人口市民化速度也会加快，大量外来人口转移到城镇就业，特别是向超大城市、特大城市和大城市集聚，新增人员的住房问题仍然突出。住有所居，安居乐业，社会才能和谐发展。**二是准确把握住有所居、安居乐业的内涵**。住有所居是所有人享有合理的功能空间、优良的住宅性能和优美的居住环境的住房。安居乐业是居住者享有安全、安康、安详的居住条件下，愉悦、快乐、安心地创业、从业，保证全体人民在共建共享发展中有更多的获得感、幸福感和安全感，这才是和谐中国、平安中国、美丽中国。**三是坚持正确的住宅建设方向**。要实现和谐中国、平安中国、美丽中国这一宏伟目标，住宅建设必须坚持数量和质量、速度和效益、投入和效率的有机统一。不仅要保证建设数量，更要提高住宅质量；既要加快建设速度，又要确保安全，提升综合效益；同时，还要节约资源、保护环境，提供更多优质生态产品，以满足人民日益增长的优美环境需要。

（二）坚持房子是用来住的、不是用来炒的定位，加快建立多主体供给、多渠道保障、租购并举的住房制度

这一指导思想为住宅建设、房地产市场调控和住房制度改革提出了明确方向。**一是对房子的准确定位**。“房子是用来住的”准确定义了房子的居住属性，

回归了房子的固有功能。既然用来住，住的区域就要交通便捷、配套完善、布局合理、环境优美；住的房子就要面积适用、功能齐全、空间合理、尺度协调、舒适经济、环保健康。住房必须是完整的产品，毛坯房的供给方式必将成为历史，配套不全、功能缺失、品质低劣、管理不善的房子必将没有市场。“不是用来炒的”彻底否定了以房子作为投资、投机的行为，相应的税费、金融、土地等调控政策将会不断完善，为加强房地产宏观调控和建立房地产长效机制提供了依据。酒店式公寓、商住楼等投资性房产也将不会成为置业投资的工具。**二是多元化供给保障**。多主体供给、多渠道保障就是要建立多种形式的住房供应体系，让不同阶层享有适当住房，商品住宅的市场需求将会受到一定影响。公共租赁住房供应力度还会加大，鼓励房地产开发企业从事公共租赁住房建设与经营，国有大型企业应该成为公共住宅的主力军。住宅租赁市场会更活跃，鼓励各类企事业单位收购或租赁空置房屋从事房屋租赁业务，为市场提供多档次、多类型的住房供给。**三是租购并举、租购同权**。引导“人人享有适当住房”而不一定是“人人拥有住房”的观念，树立梯度消费、合理消费的住房理念。在房价居高不下的情况下，租房家庭比例将会逐渐增加，尤其是城镇新增人员、中低收入群体住房问题全通过政府保障性住房来解决是不可能完成的，要引导这部分人群通过租房市场来获得住房的权益。住房保障的内涵扩大到提供更多出租房源的供给和提高弱势群体的租付能力等方面，实现租购同权、租购城市公共服务设施均等化。

（三）坚持新发展理念，推动经济发展质量变革、效率变革和动力变革

住房关系安居乐业、国计民生，住宅与房地产业增加值占 GDP 比重达到 5.6%，对推动经济、社会发展具有重要的作用。**一是坚持创新、协调、绿色、开放、共享的新发展理念**。以绿色发展、协调发展为目标，通过理念创新、技术创新、管理创新，形成绿色技术体系、建造绿色建筑产品、建立高效管理模式，不断提高住宅产品质量和生产效率。当今是一个开放包容、资源共享、优势互补、合作共赢的时代。房地产开发企业要发挥龙头作用，整合社会资源、集聚众家之优，形成整体合力，走共谋、共创、共享、共赢发展模式。**二是践行绿水青山就是金山银山的理念**。住宅建设要坚持节约资源和环境保护的基本

国策，大力推进住宅产业现代化，实现标准化设计、工业化生产、装配化施工、智慧化管理的社会化大生产方式。积极应用节能、节地、节水、节材和环境保护成套新技术，建设面积适度品质优、功能齐全环境美、安全耐久寿命长、价格合理价值高的高品质住宅。通过住宅高品质、居住新模式、管理新手段引领新的居住理念、消费理念、生活方式和生活行为，引导简约适度、绿色低碳的生活方式，开展创建节约型机关、绿色家庭、绿色学校、绿色社区和绿色出行等行动。**三是提质增效，实现三大变革**。我国经济已由高速增长阶段转向高质量发展阶段，正处在转变经济发展方式、优化经济结构、转换增长动力的攻关期。提质增效、减排降耗是住宅建设的最终目标。优化产品结构、产品更新换代、企业转型升级是实现房地产经济发展方式转变的具体措施。目前，从事有关住宅产业的设计、建材部品生产、施工安装、房地产开发等企业数量庞大、参差不齐，但生产规模、生产能力、综合实力强的企业不多，更缺少具有集聚优势和技术集成能力的大型企业集团。要创新物业类型、创新住宅品质，创新建设模式，走品牌化、集团化、多元化发展道路，实现发展方式、产品结构、增长动力三大变革。

二、新时代住宅发展新特征

新时代将呈现新气象，住宅与房地产业已经成为国民经济的重要产业，在新征程中仍将发挥重要的作用。新时代住宅发展中机遇与挑战同在，困难与希望并存。只有把握新特征、克服新困难，才能运筹帷幄、决胜千里。新时代住宅将由可居、宜居向康居方向发展，并呈现以下特征：

（一）住房需求仍处于增长期

我国正处在城镇化快速发展时期，2016 年的城镇化率为 57.3%，人均国内生产总值约 7929 美元。日本城镇化率超过 56%的时间大概是 1955 年（1955 年城镇化率是 56.1%），人均国内生产总值约 259 美元，1970 年城镇化率达到 70%，人均国内生产总值约 406 美元，从 56.1%到 70%用了 15 年。由此来看，我国当前城镇化发展的动力远大于当时的日本，城镇化的速度还会进一步加快，农业转移人口市民化速度也将会加快，预计 10 年左右达到 70%

（约1.3%的城镇化增长），每年城镇新增人口1500万左右，以自住型为主的住房需求还很大。另一方面，随着生活水平的逐步提高，既有住房的功能、性能已不能满足日益增长的美好生活需要，改善型住房需求也很大。据统计，全国城镇既有居住建筑面积290多亿m^2，2000年以前建成居住小区总面积为40多亿m^2。这些住宅的功能质量、性能质量、环境质量、工程质量等或多或少存在一定缺陷，要么更新改造、功能提升，要么拆除重建，潜在需求空间还很大。

（二）住宅品质已进入提升期

高品质、高品位、高品牌将是新时代住宅品质的实际内涵。**一是高品质**。高品质住宅的基本特征就是要满足居住者起居生活行为和身心健康的舒适度要求，概括为舒适、健康、实用。舒适性包括规划结构与室内功能空间的合理性、出行方便的程度和社区管理与配套服务。小区规划用地配置合理，空间层次清楚，恰当布置活动、交往空间等，道路与交通系统构架清晰、分级明确，处理好人行与车行关系，减少人车相互干扰，配置不同车辆适宜的停放位置，出入口设置方便出行，标识系统完善明晰，充分考虑居家养老设施、残疾人无障碍设施等。室内应包括起居、休卧、餐厨、卫浴、储藏等功能空间齐全，功能分区合理，空间尺度协调，设施配置适用。小区日常生活服务设施配套齐全，布局合理，提供多样化的生活服务，为居民提供安全、舒心的居住场所。健康性包括室内外环境的物理性能，健康性的关注点不仅仅是温度，更应关注的是湿度、洁度、光度、风度、声度及氧度等，主要是空气环境、热环境、水环境、光环境、声环境、绿化环境及环境卫生等（表1～表7）。室内除了满足以下指标外，CO_2的浓度要低于1000ppm，悬浮粉尘浓度要低于0.15mg/m^3。室外良好的生态绿地系统是维持和改善区域近地范围大气碳循环和氧气平衡的主要途径。良好的绿化系统具有净化空气、改善小气候、杀菌防病等功能，还有利于回归自然、消除疲劳，增强身心健康。实用性包括可支付能力、适应性、耐久性等。可支付能力主要体现在房屋的总价和日常运行成本，户型面积是重要的决定因素。适应性和耐久性主要体现在室内空间的灵活性和可改性，设施设备、部品部件耐久性和可更换性，满足长期居住的更新和重复使用要求。

住宅室内空气污染物浓度限量 表1

序号	项目	限量
1	氡	≤200Bq/m^3
2	游离甲醛	≤0.08mg/m^3
3	苯	≤0.09mg/m^3
4	氨	≤0.2mg/m^3
5	总挥发性有机化合物（TVOC）	≤0.5mg/m^3

住宅内空气热环境指标 表2

项目		标准值	
		冬季	夏季
温度	一级	20～24℃	22～26℃
	二级	18～20℃	26～28℃
湿度	相对湿度	35%～60%	40%～65%

住区生活饮用水水质指标 表3

项目	指标值
色度	≤15度，无异色
浑浊度	≤1度
味	无异味、臭味
肉眼可见物	无
细菌总数	100 CFU/mL
总大肠菌数	0 CFU/100mL
游离余氯（用户端）	≥0.05mg/L
硝酸盐（以N计）	20mg/L

住宅室内采光标准 表4

房间名称	窗地面积比值（A_c/A_d）
起居室（厅）、卧室、书房、厨房	1/6～1/7
明卫生间、过厅	1/10
楼梯间	1/14

住宅照度标准 **表 5**

照明部位		参考平面及高度	照度标准值（lx）
起居室、客厅	一般活动区	0.75m 水平面	75～100
	书写、阅读	0.75m 水平面	200～300
卧室	一般活动区	0.75m 水平面	50～75
	床头阅读	0.75m 水平面	200～300
书房	一般活动	0.75m 水平面	75～100
	书写、阅读	写字台台面	300～500
餐厅、厨房		0.75m 水平面	150～200
卫生间		0.75m 水平面	100～150
楼梯间		地面	75～100

注：1　卧室、餐厅、厨房的照明光源的平均显色指数应大于 80，相关色温宜小于 3300（K）。

2　根据绿色照明的要求，设计时应选用高光效光源，室内照明灯具的效率不宜低于 70%，花灯和格栅灯灯具的效率不宜低于 55%。

住宅分户墙及分户楼板空气声隔声标准（dB） **表 6**

隔声等级	一级	二级	三级
计权隔声量 R_w	≥50	≥45	≥40

住宅楼板撞击声隔声标准（dB） **表 7**

隔声等级	一级	二级	三级
计权标准撞击声压级 $L_{nt,w}$	≤65	≤75	≤75

二是高品位。高品位就是在建筑风格与色彩、环境景观的自然与协调性、室内空间形态与色彩及社区美好生活管理等方面，创造宁静、和谐、美丽的居住环境。应注重住宅与历史文脉相协调，与时代精神相一致，与未来发展相适应，与周边环境相融合。建筑造型应融传统文化与现代艺术于一体，既有现代艺术效果，又有鲜明的地方特色和时代特征。住宅建筑应具有个性和识别性，建筑尺度比例适宜，统一中有一定变化。色彩和谐、明快，外装修便于清洗。具有地方特色，立面装饰适度，并有一定艺术效果。住区环境应充分体现所在地域的自然环境特征及历史、文化渊源，做到人、自然、建筑的和谐，因地制宜进

行景观环境的创作，力求创造出具有时代特点与地域特征的环境空间。室内空间形态相匹配、功能空间相独立、洁污干湿相分离、交通流线操作流程合理等，让人的行为感觉便利舒畅。室内自然采光足、照明质量好，色彩搭配雅致悦目、温馨宜人。美好生活管理除保证日常安全、方便服务外，应组织丰富多彩的社区文化、健康服务活动，引导崇尚简约适度、绿色低碳的生活新方式，开展社区的新道德、新风尚行动，创造亲切、文明、和谐的居住氛围。**三是高品牌**。企业高品牌的根基应建立在优秀的价值理念（企业文化）、强烈的社会责任和良好市场信誉的基础之上，具有革故鼎新的意识、励精图治的精神和勇于担当的品格，高品牌是企业人激情与梦想、坚持与希望、责任与辉煌、奉献与敬仰的最终回报。高品牌的形成必须经历品牌的创建、维护和提升三个重要环节。品牌创建基础是高品质、高品位，要依靠先进的规划理念、合理的功能设计、适用的技术集成和科学的施工管理，从住宅建设的全过程、住宅构成的全系统、住宅使用的全周期精心规划、精细设计、精密集成、精确施工、精良管理，全方位提高住宅的品质和品位。品牌的形成来自于群众，大奖、小奖不如群众夸奖，金杯、银杯不如群众口碑。群众喜闻乐见、夸赞相传就是品牌形成之时。品牌的延续与提升需要贴心的售后服务管理，物业管理、维护保养、社区文化是保持品质、提升品质，创造价值、提高价值，维护品牌，提升品牌的有效途径。

（三）建设方式进入变革期

我国住宅建设已由高速度增长阶段转向高质量发展阶段，住宅建造方式由住宅建设向住宅制造转变。**一是住宅品质由大众化向高品质转变**。当前，住宅市场需求与供给不足并存，积压库存与房源紧缺同在，其根本原因是有效供给不足。买不起房的人望房兴叹，想买房的人看房失望，主要原因是住宅品质的概念化、大众化和同质化还没改变。市场上关于住宅的名目繁多，概念层出不穷，混淆视听，老百姓无所适从，还停留在炒作、渲染阶段。住宅产品类型单一，跟风现象仍然存在，缺乏多形态、多档次和多户型的供给。住宅品质缺乏特点和亮点，有的企业一张图纸干好多年、好多地，简单复制、重复建设，缺乏企业自身的品质创造性。住宅建设应立足舒适、健康、实用的品质内涵，针对不同区域、不同群体、不同类型的市场需要创造符合市场需求、适销对路的高品质住宅。**二是住宅建设由大规模向高效率转变**。我国住宅建设将由量的扩张向质的提升转变，像北京回龙观、天通苑这样大规模的开发不可能再现。企业靠规模优势的粗放型盈利模式已经远去，必须走质量效益型发展道路。住宅开发将由靠土地增值转向靠品质增值和附件服务增值的新时期，住宅建设必须做到“准、高、好”，也就是产品定位要准，适销对路，满足不同群体的住房需求；产品质量要高，顺应人们对新时代新生活的需要；售后服务和物业管理要好，增强人们在共建共享发展中的获得感和幸福感。**三是住宅建造由大投入向高效益转变**。住宅建设的工业化水平还不高，实体消耗和措施消耗还很大。要实现小投入创造大效益，必须加快推进住宅产业现代化，实现住宅建造方式的根本性转变，不断提高住宅建设“四节一环保”效能。大力发展装配式建筑是推进住宅产业化的重要途径。装配式建筑从结构类型分为钢筋混凝土结构、钢结构和木结构，从建造形式分为承重结构装配和非承重结构部品部件装配。有序推进装配式建造方式是实现住宅建设向住宅制造转变的有效途径。据统计，装配式建造方式节约用水 50%、木材 80%、缩短施工周期 25%～30%、减少建筑垃圾 70%以上，还可降低施工粉尘和噪声污染等，经济和环境效益相当可观。装配化建造是提高住宅建设效益的有效举措，也是住宅建设的必然趋势。

三、当前住宅建设的不良趋势

当前，住宅建设存在崇洋、贪大、逐奢等乱象，也存在重渲染轻品质、重形式轻细节、重建设轻管理等不良趋势，不但对提高品质起不到促进作用，反而造成浪费，甚至影响到住房消费的理念、建筑师的创作、传统文化的传承等，误导了住宅建设的健康发展。

（一）规划设计

住区规划设计是将住宅用地、公建用地、道路用地、公共绿地等通过不同的规划手法和处理方式，将其全面、系统地组织、安排、落实到规划范围内的恰当位置，使居住区成为有机整体，为居民创造空间有序、安全便捷、配套齐全、景观丰富、环境优美的居住生活环境。当前，住区规划设计中存在一些不良现象。**一是规划设计追求形式化、几何图形化**。规划布局盲目追求某种图形形状、环境构图片面强调某种几何构图，或者牵强附会地构成某种环境形态等。如图 1 示例，规划构思以八卦为基本思路，功能服从形式，造成布局结构、道路系统不合理，浪费资源。如图 2 示例，环境营造追求几何构图，功能性不强，硬铺装过多，实用性、经济性差等。如图 3 示例，为了某种臆想追求抽象图形，拼图凑图、凭空想象、牵强附会，违背住区规划设计的基本原则。**二是人车分流绝对化**。小区道路系统设计应遵循出行便捷安全、减少人车相互干扰，并能满足消防、救护及搬家等车辆通行等原则。有的小区为了追求绝对的人车分流，地面不设完整车行系统（图 4 左图），通过地下室组织车行系统，看似安全方便，其实存在安全隐患。后经过调整形成完善的地面交通系统（图 4 右图）。**三是公共配套共享不足**。多数小区幼儿园、会所等配套项目过分强

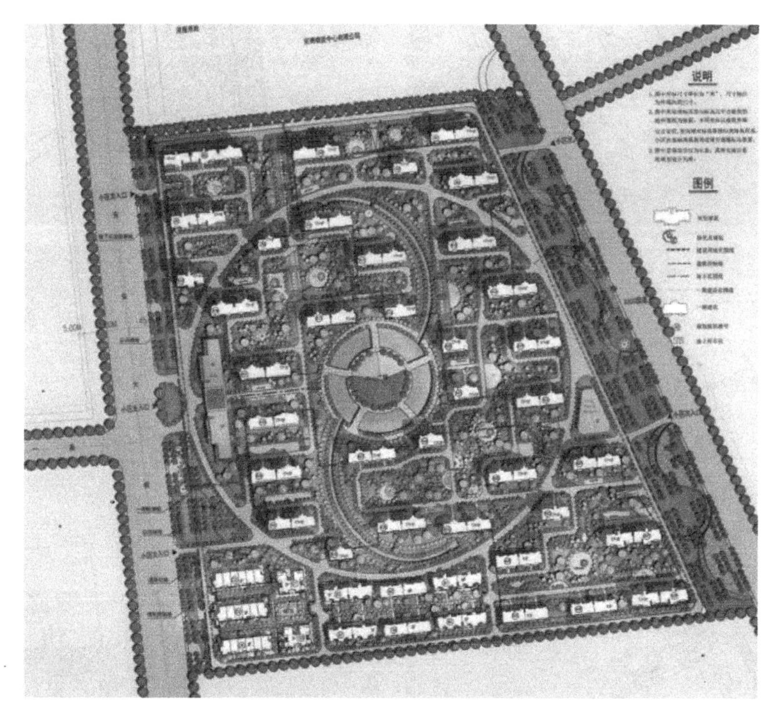

图 1　追求图形化示例

图 2　追求几何构图示例

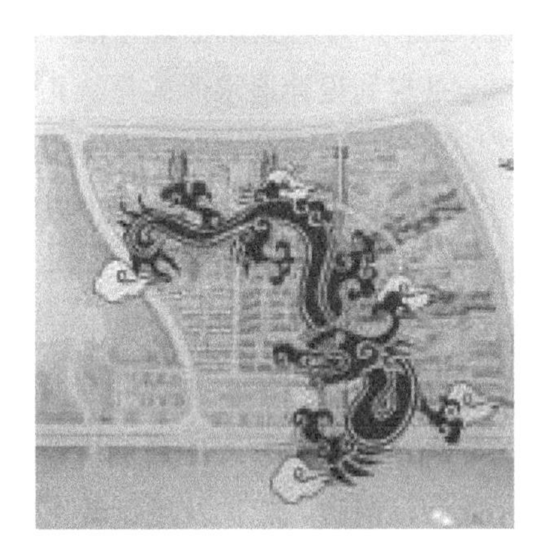

图 3　追求抽象图形示例

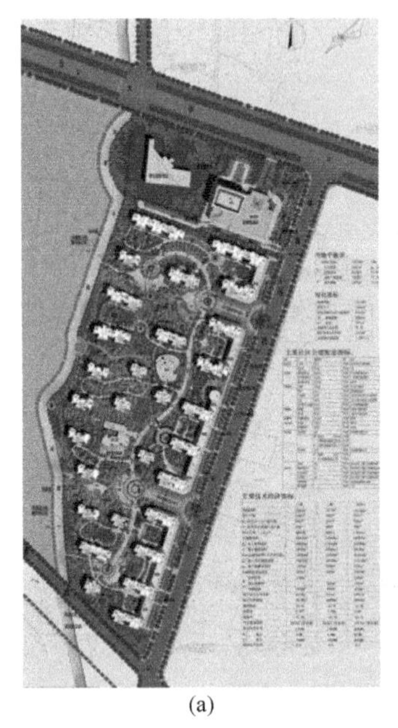

(a)

(b)

图 4　人车分流绝对化示例

（a）调整前；（b）调整后

调小区的归属性，既不便小区安静安宁的环境，又不利于经营管理，应尽量能兼顾对外，有利于资源共享，提高利用率。同时，盲目建设沿街商业、人工水景等做法都应值得深思权衡。在不影响小区建筑面积和环境的情况下，做适当调整，能起到事半功倍的效果（图 5）。另外，应借鉴学习日本提出的“面向老年人带服务的住宅”理念。应该将会所及配套用房增设面向老年人带服务的住宅功能，以适应居家养老的需要。不管是居家养老，还是社区养老、社会养老，都应该按照这一理念建设，为需要介护的老人更换住房，继续在习惯的环境中生活，给老年人搬一次家而不是“入院”，保持原有的生活方式不变，有利于老年人的身心健康。

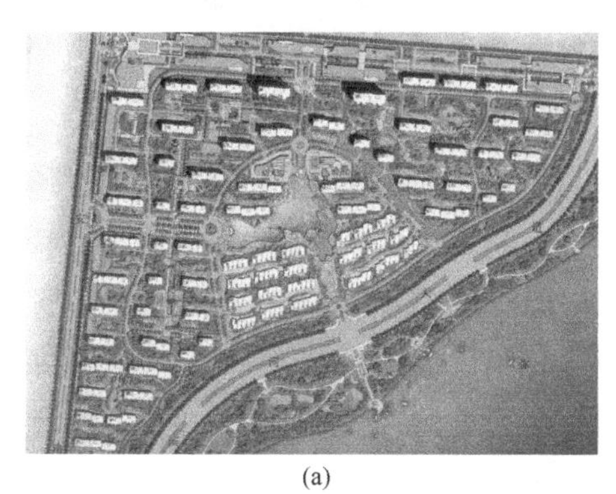

(a)

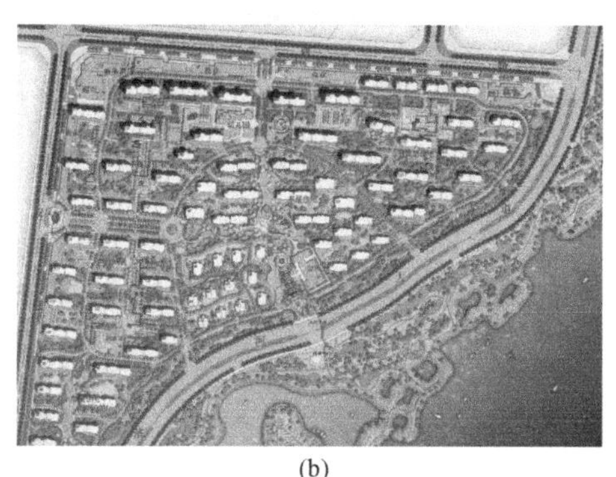

(b)

图 5　公共配套共享不足示例

（a）调整前；（b）调整后

（二）建筑设计

建筑设计是完成建筑形象与功能、空间与居住、建筑与科技有机结合的过程，以创造适用、健康和实用的居住空间。要坚持“适用、经济、绿色、美观”的建筑方针，突出建筑使用功能及四节一环保效能。在继承民族优秀传统的过程中吸收西方优秀建筑理念，努力建造体现地域性、文化性、时代性和谐统一的有中国特色的现代建筑。住宅建设设计中也存在求新、求异，不注重细部设计、粗制滥造等现象。**一是建筑立面过度渲染**。住宅的建筑立面设计应简洁明快、温馨自然，尺度适宜、规整协调，并具有地域特色等。如图 6 示例，

图 6　建筑立面过度渲染示例

立面片面追求形式和个性，求新求异，造型复杂、生硬冷酷，缺乏温馨、舒畅之感，施工难度大，造成材料、人工浪费等。**二是垂直交通共享不足。**住宅楼栋内空间分私有空间和公共空间，户内以外属公共空间。有些项目为制造卖点，公私不分、空间模糊，将公用空间、电梯间设计成私用空间和专享，电梯不联动，等梯时间太长，也做不到专梯专享的效果。有的项目为过度追求南北通透，电梯分设无联动，通过连廊连接，这种设计带来了很多不便，出行效率低；同时，体型系数增大、公摊面积增加，不利于节能、节材。如图 7 所示，

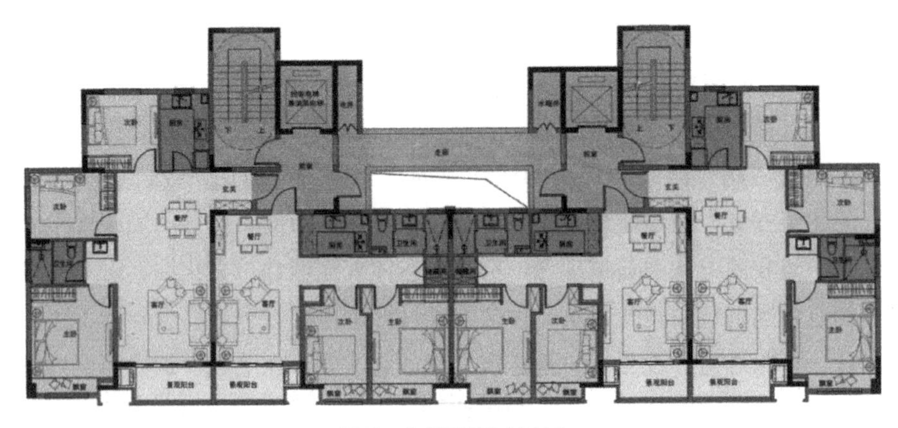

图 7　电梯不联动示例

两电梯距离太远，不能联动，出行效率、电梯利用效率低。**三是精细化设计不够**。住宅设计应从每个户型、空间、细部、细节精心推敲、精准设计，精细化程度决定着住宅品质。厨房卫生间设计往往设计深度不足，要么浪费面积，要么行动流线不合理。如厨房净宽度尺度要根据厨具的布置来确定，一般经济尺寸为单面布置≥1.5m、L 形布置≥1.8m、双面布置≥2.1m。卫生间根据不同设备组合，面积从 1.1～2.5m²，3m² 左右应该是功能经济型卫生间，并能合理布置洗衣机的位置。图 7、图 8 的厨房卫生间设计精细化程度都欠缺，普遍缺少储藏空间。图 8 所示的 140m² 的户型，餐厅还是间接采光。大户型设计不是简单地将小户型放大，而应该具备相应的功能空间，该户型如精确推敲能创造更高品质的户内空间。同时，建筑设计的尺寸随意性太大，不符合模数化的要求，不利于标准化的实施。

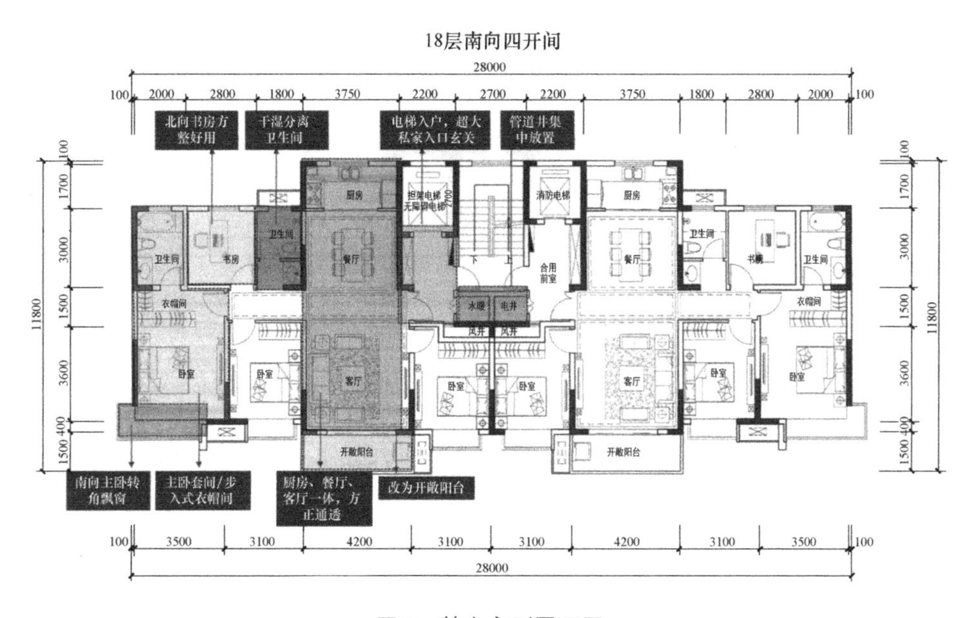

图 8　某大户型平面图

（三）技术路线

建设高品质的住宅小区必须坚持正确的技术路线，处理好战略与战术、目标与途径、成果与方法的关系。绿色发展是战略，产业化是战术；提质增效是目标，新理念、新技术是途径；高品质住宅是具体成果，做好规划设计、建筑设计、技术集成、施工管理是具体方法。规划设计是基础、建筑设计是核心、技术集成是精髓、施工管理是保障。每个环节都需要精细谋划、精准实施，但目前多数项目实施存在一些不良倾向。**一是产品定位还有炫富、炫耀现象**。所谓“豪宅、官邸、精装”等一类低俗名词还在泛滥，炫富、炫耀色彩浓烈。豪与土相对、官与民相对、精与平相对，无形中通过住宅将人划分了阶层，与和谐社会旋律不相协调。在全面建成小康社会进程中，就是要消除阶层差距，实现共同富裕。不管是商品房、保障房、公租房都应该是高品质住房，穷人富人、白领蓝领都应共享科技进步、社会发展新成果。贪大求阔、攀比炫富的消费心理应回归到舒适健康、经济实用的理性消费观念。产品定位要坚持平民化、品质化方向，不管是低层、多层还是高层住宅同样能创造品质高、功能全、环境美的高品质住区，满足不同群体的住房需求。**二是方案设计投入不够**。多数开发企业在方案设计阶段舍不得投入，总以为随便找个设计单位按照企业意图勾勾画画，能够通过规划审批就能开发项目，认识不到设计节约是最大的节约。规划设计、建筑设计是给定技术条件的艺术创造过程，设计师的水平直接决定着住宅的品质。目前设计市场参差不齐，资质挂靠、恶性竞争等问题普遍存在。要创造精品项目，就要选择优质设计单位，更要选择优秀设计师和设计团队，这是建设高品质项目的基本保证。**三是技术选用缺乏科学性**。技术集成选用应结合当地经济、技术、气候条件，遵循就地取材、因地制宜、先进适用、安全耐久等原则，不能盲目跟风，更不能违背正常生活习惯而强调人造环境的舒适性。有些技术运行看似节能，但节能的效益远远小于技术初期的大投入。关于建筑节能与新能源利用技术体系，应积极采用被动与主动相结合的技术。不管是南方还是北方、冬季还是夏季，自然采光、通风就是科学合理的节能举措。如引进欧洲恒温恒湿系统技术，技术本身是很先进的好技术，但在欧洲的普通住宅中也不常见。地源、水源热泵技术，不是所有住宅、所有地区都适用。我国住宅以集合式高层住宅为主，小区面积一般都在 10 万 m^2 以上，靠地源来满足冬季供热、夏季制冷的能源供给有些杯水车薪，更多地要通过电能补充。外保温技术应鼓励应用结构保温一体化技术，保证外保温与结构同寿命。新风系统技术带不带热回收也应酌情考量，带热回收的技术系统不一定是最经济的技术。同时，在建筑技术体系、厨卫技术体系、管线与设备技术体系、环境质量保证体系、智慧管理技术体系、建造技术体系的选择和应用方面有很多值得研究的内容。**四是施工建设唯价论普遍**。这一现象在设计行业、施工行业及部品部件供应行业都普遍存在。优质优价一直是建筑行业倡导的做法，但低价中标、恶性竞争在房地产开发项目中常常出现。有的单位采用钓鱼方法，施工前低价中标，项目结算借各种理由不断追加预算，甚至引发经济纠纷。在队伍和产品选择上，应先唯质再唯价，多与品牌企业、大企业合作，不仅能保证产品质量，更有完善的售后服务。**五是不重视管理团队建设**。房地产项目管理是涉及规划、建筑、施工、管理、营销策划、物业管理等多专业的边缘学科，要做品牌企业必须建立有丰富实践经验、扎实专业功底和开阔创新意识的专业人员的管理团队。房地产项目开发资质对执业人员的要求不像其他资质那样要求严格，但优秀的项目必须由优秀的团队来完成。多数开发企业不重视项目总结和人才队伍的培养，缺乏企业品牌特色和现代化人才管理制度。项目总结不是了结，而是为了延续和提高，同时也是锻炼队伍、提高管理水平的有效举措。人才队伍培养与建设是能否走品牌化发展道路的关键，是企业成长发展的动力源泉。

10 关于提高住宅建设品质的思考[①]

改革开放以来，随着国民经济的持续快速发展，住宅建设取得了举世瞩目的成就，城乡居民的居住条件和居住环境得到了很大改善和提高，住宅与房地产业对拉动经济增长起到了重要的作用，为全面建成小康社会做出了重要的贡献。但住宅建设中人民日益增长的住房美好生活需要和不平衡不充分的发展之间的矛盾依然存在，与全面建成小康社会、实现住有所居目标还有一定差距。我国的住宅建设将由高速度增长、大规模建设发展阶段转向高质量发展、全方位保障的新阶段，由可居、宜居向康居方向发展，进入品质功能全面提升的新时代。

一、住宅建设品质取得的成绩

自1998年住房制度改革以来，我国住宅建设进入了快速发展时期，城镇住宅建设总量每年持续保持10亿m^2左右的发展规模，基本告别了住房短缺时代。城镇居民居住水平不断提升，人均住房建筑面积显著提高。据统计，2016年全国居民人均住房建筑面积达到40.8m^2，城镇居民人均住房建筑面积从1978年的7.2m^2增长到2016年的36.6m^2，农村居民人均住房建筑面积达到45.8m^2。尤其是贯彻落实《国务院办公厅转发建设部等部门〈关于推进住宅产业现代化提高住宅质量若干意见的通知〉》（国办发〔1999〕72号）文件精神以来，通过国家康居示范工程、国家住宅产业化基地、住宅性能认定等工作

---

① 本文刊登于《住宅产业》2018年第5期。

的实施，积极推广新理念、新技术、新成果，促进了住宅建设规划和建筑设计水平、新技术发展与推广和建设管理水平的提高，对引导住宅合理消费、住宅建设方式转变，全面提高住宅质量和性能，促进省地节能环保型住宅建设和住宅产业化发展发挥了积极的作用。

（一）居住区规划设计、建筑设计水平明显提高

住宅小区的均好性、多样性、协调性和完整性明显改善。建筑风格、户型布局、空间组合、色彩构成等诸方面各具特色，反映了地方特点和文化传统，为住宅设计理念创新注入了活力。住区环境体现自然、和谐，营造绿地静美的生态环境和富有人文内涵的居住交往、休闲健身的生活环境的建设理念得到大力推广。

（二）住宅的综合品质普遍提高

住宅功能质量、工程质量、环境质量等综合品质有了较大改善，住宅的综合性能普遍提高，包括以保温、隔热、隔声、日照、通风为主的物理性能，防止有毒有害物质的污染，电气、燃气和安保等方面的安全性能；住宅的装备设施水平提升速度加快，包括厨房、卫生间的装备、空调采暖装备、智能化技术装备；住宅功能空间与配置更趋合理，使用面积系数提高；住宅工程质量进一步提高，常见的工程质量通病逐渐减少。居住区环境讲求利用自然、回归自然、享受自然的理念逐步为社会提倡，营造朴实、自然、亲切、和谐、安全、便捷、经济、配套齐全的住区环境成为主要特征。

（三）住宅建设的产业化水平逐步提高

装配式混凝土、钢结构等工业化新型结构体系大面积推广，建筑节能、新能源利用及新型墙体、工业化全装修，新型建材、水资源利用及环境保障等新技术得以推广，提高了住宅建设的科技含量和工业化水平。

二、住宅建设存在的问题

尽管我国住宅建设取得了显著成就，但住房发展仍然存在一些矛盾和问题。住房苦乐不均、住房品质不高、住区配套不全、住宅建设方式落后等问题依然存在。

（一）住宅品质还需提升，住宅品质大众化、同质化、概念化严重

住宅建设应立足舒适、健康、实用的品质内涵，针对不同区域、不同群体、不同类型的市场需要创造符合市场需求、适销对路的高品质住宅。

（二）配套建设还需完善

近年来，全国各地城镇化加速推进，新区、卫星城、产业新城推动了城镇常住人口快速增加，但是一些新建居民区的学校、金融、药店、公交等配套设施建设相对缓慢，满足不了广大居民日常生活需要。有网民称，“买房子后最痛苦的事，莫过于小区配套设施不完善，实在太不方便了”。群众操心的问题集中表现在“中小学教育设施不足”“规划中的配套学校在哪里”“医疗、金融、市政、行政等配套设施相对匮乏”“健身、绿化、老年人活动场所等设施不足”。居住区建设就要做到交通便捷、配套完善、布局合理、环境优美，满足人民日益增长的优美环境需要。

（三）建设水平还需提高

多数房开企业走规模优势、土地增值的粗放型盈利模式没有改变，不重视新设计理念、新技术集成、新管理模式的推广应用，住宅建设的工业化水平还不高，实体消耗和措施消耗还很大。住宅建设必须坚持数量和质量、速度和效益、投入和效率的有机统一。要实现小投入创造大效益，必须加快推进住宅产业现代化，实现住宅建造方式的根本性转变，不断提高住宅建设“四节一环保”效能。不仅要保证建设数量，更要提高住宅质量；既要加快建设速度，又要确保安全，提升综合效益；同时，还要节约资源、保护环境，提供更多优质生态产品。

（四）建设管理还需加强

住宅建设管理工作中存在开发管理职能弱化，管理机构消失、管理措施缺乏等问题。近年来，随着房地产市场的快速发展，房地产的管理重点集中在宏观调控及销售管理领域，对房地产的开发管理弱化，对建设品质的提升没得到足够重视和积极引导，造成开发质量不高、市场主体良莠不齐、质量纠纷层出不穷等问题。随着职能转变、机构调整，过去各地建立的开发管理部门基本消失，住宅开发管理基本处于无机构、无人员、无举措的状态，缺乏对市场的监

管与引导。要实现高质量发展，必须加强住宅建设的全过程管理，不断提高住宅建设的整体水平和促进建设方式的根本性转变。

三、提高住区建设品质的对策建议

当前，住房是人民群众最直接、最关心、最迫切的对美好生活需要的向往。尽管我国的住宅建设取得了巨大成就，城乡居民居住环境和条件得到较大改善，但是要解决好13亿人口大国的住房问题，保持住宅产业持续健康发展，实现住有所居、全面小康的目标，还面临巨大的困难，住宅与房地产业将迎来新的发展机遇和挑战。

（一）制定住房发展规划，构建多渠道住房供应体系

制定住房发展规划，优化居住区合理布局，形成总量基本平衡、结构基本合理、房价与消费能力基本适应的住房供应格局。居住区的规划和定位要着眼于城市的总体规划和城市经济的可持续发展，综合考虑城市用地、城市环境容量、城市基础设施承受能力、人口规模、经济结构以及远景规划等因素，创造规模适度、供给结构合理，给人们提供方便、舒适、优美的居住场所。住房建设要坚持品质优先、效率优先、需求优先，保证不同群体、不同层次的居民享有适当的住房。不断完善住房供应体系，加快构建多主体供给、多渠道保障、租购并举的住房供应体系。

（二）加强住宅建设管理，完善住宅质量控制体系

提高住宅建设质量必须以住房发展规划为前提，从土地供应、规划审批、监督管理、激励机制等环节齐抓共管、共同促进。**一是实施开发项目意见书制度**。在开发项目立项、土地招拍挂等环节，明确规划条件及住宅建设品质要求，明确开发企业质量责任。**二是强化规划设计管理**。在项目规划审批阶段，按照住房发展规划的总体要求进行管理和指导，突出规划设计科学性、住区布局合理性和配套设施完备性。按照“适用、经济、绿色、美观”的建筑方针，突出提高住宅的适用性能、环境性能、安全性能、耐久性能和经济性能，建设具有地域文化和时代特征的居住空间，营造体现自然生态、经济实用、人文关怀的宜居环境。**三是严格执行住宅市场准入制度**。提高从事住宅开发企业门

槛，对从事住宅建设的开发企业、设计企业及施工企业进行资质管理，对设计、建设劣质住宅，违反强制性标准及使用淘汰落后产品的企业，要依法吊销其资质证书，并进行经济处罚等。**四是加强开发建设管理和监督实施**。加强开发管理引导，转变开发理念，提高开发质量。加强建设项目全过程管理，严格执行规划要求和强制性标准，恢复小区综合验收制度。实施住宅建设品质提升行动计划，实行新建项目巡查制度。对全国新建住宅项目定期开展抽查和巡查工作，及时总结交流经验。**五是加强售后和物业管理**。完善“两书一证”制度，明确住宅建设质量责任及保修制度和赔偿制度，完善相应物业管理措施，保证居住环境的安全性、便捷性和舒适性。

（三）完善住宅建设管理法规，建立住宅质量保障体系

我国的住宅建设不仅要保障数量，更要保障质量，实现数量与质量、效率与效益统一。**一是制定《住宅品质促进法》**。建立提高住宅品质、确保住宅质量的长效机制。如日本制定《住宅品质确保促进法》，开展住宅性能表示及质量保险制度，加快产业化技术集成，提高品质，保证住宅售后质量，维护好消费者权益，已取得了成功的经验。为加快推进住宅产业化，不断提高住宅质量，应加快制定《住宅品质促进法》等法规，建立住宅质量和性能的保障机制，从法律上强制开发商对住宅质量提供长期保证。**二是大力开展住宅性能认定工作**。尽管建设部于1999年出台了《商品住宅性能认定管理办法》（试行），对提高住宅质量引导住宅合理消费已经取得了很大成效，但从目前实施效果来看，远未达到预期的目标。主要原因是由于缺少相关法律法规的支持，得不到各级主管部门的重视，住宅性能认定工作没有扩大反而呈萎缩趋势。故应加大对住宅性能认定制度的指导和推广，充分发挥住宅性能认定对促进住宅质量提高的作用。**三是建立住宅质量保险制度**。日本通过寄存担保金和质量担保责任制度确保住宅的质量。我国虽然有质量担保金制度，但质保期过后的质量没有保障机制。尤其我国房地产开发实行项目公司管理，有的开发企业项目完成后公司解散，质量追溯找不到责任主体。建立住宅质量保险制度，当住宅出现质量问题时，通过有效的保险机制保障消费者的权益，实现住宅质量保障制度化、长效化，有利于消费者放心购房，规范住房市场，不断提高住宅品质，满

足人民美好生活需要。

（四）加强组织领导，完善住房品质提升实施体系

建立一套有目标、有计划、有步骤的组织体系，形成统筹规划、重点明确、实施有序的社会化机制。通过产业政策扶持、引导，推动住宅建设品质的全面提升。**一是加强住宅建设的管理和指导**。住宅建设是一项涉及面广的系统工程，各部门、各领域应达成共识，形成合力，营造自我创新、自我完善的社会和市场环境。加强工作组织领导，建立和完善推进机制，统筹规划、统一协调、有序推进。**二是加强示范引导，带动品质提升**。“示范先行、样板引路”是我国住宅建设探索出来的有效经验和做法。按照中发〔2016〕6号文件精神，改进《国家康居示范工程建设管理办法》，全面贯彻“适用、经济、绿色、美观”的建筑方针，建设品质高、功能全、环境美的居住示范小区。**首先是创住宅品牌，突出住宅品质内涵**。示范工程要在功能品质、居住环境、技术集成方面具有先进性和引导性，突出产业化的广度和深度，体现设计新理念、技术新成果、管理新模式，为探索住宅建设走新型工业化发展道路和房地产企业转型升级提供新鲜经验。**其次是创特色住宅，突出产业化技术特征**。住宅小区是住宅新技术的载体，示范工程必须突出绿色建筑、节能减排、建筑产业现代化等新要求，侧重发展特色住宅，包括钢结构住宅、装配式混凝土住宅等新型建筑体系；新能源综合利用、海绵城市技术、管廊技术等新技术应用及适老化住宅示范小区。**最后是创示范标杆，扩大示范工程影响力**。加强示范工程全过程管理，提高示范工程建设水平。要把设计理念、技术集成和管理模式创新作为示范工程管理的核心，始终保持示范工程的超前性和示范性。加强示范工程施工中期检查力度，加强对各关键技术环节的管理和培训工作；对工程质量出现问题较多的项目实施复查制度，并建立以省、市等地方行政主管部门、专家组成的地方监督和管理机制，充分发挥地方就近管理的优势；加大《工程建设标准强制性条文》的实施力度，进一步提高工程质量和施工管理水平，以确保示范工程自设计初期至建成验收后的全过程示范效应，真正推动地方工程质量及施工管理水平的整体提高，为示范工程的全面创优奠定基础。**三是制定经济政策**。从土地供应、信贷、税费等方面对建设示范工程、性能3A、绿色3星的

高品质住宅小区予以优惠，尤其是对建设中小户型、中低价位的项目从供给侧和消费侧给予引导和鼓励。**四是建立激励机制**。对开发建设高品质住宅小区及开发企业予以表彰，并在企业信誉、资质等方面给予鼓励。**五是加强宣传引导**。要加强舆论宣传，引导科学消费理念，营造高品质住宅的市场环境。

11 工业化装修是建筑业转型升级必然趋势[①]

建筑业已经成为我国国民经济的重要支柱产业，对带动经济增长、改善人居环境、扩大社会就业、促进经济社会协调发展发挥了重要的作用。近年来，我国建筑业持续快速发展，产业规模不断扩大，产业化水平不断提高，建造能力不断增强。2020 年，我国全社会建筑业实现增加值 72996 亿元，比上年增长 3.5%，占国内生产总值的 7.16%，有力支撑了国民经济持续健康发展。尽管建筑工业化水平得到很大提高，但建筑业粗放型发展的现状还没有根本性转变，与高质量发展的要求相比还有很大差距。尤其在建筑装饰装修领域还以手工湿作业为主，以标准化、工厂化、装配化、信息化为标志的工业化装修技术推广应用还有待加快。当前，正在大力推进以新型建筑工业化带动建筑业全面转型升级，推动智能建造与建筑工业化协同发展，建筑工业化装修是新型建筑工业化和智能建造的重要组成部分，是加快建设方式转变、推动建筑业高质量发展的必然趋势。

一、工业化装修是建筑业转型升级的必然趋势

工业化装修是建筑工业化的重要组成部分，是实现建筑业转型升级，促进建筑业高质量发展的必然要求。长期以来，我国建筑业主要依赖资源要素投入、大规模投资拉动发展，建筑业的工业化、信息化水平较低，生产方式粗

① 本文刊登《住宅产业》2021 年第 2 期、第 3 期。

放、劳动效率不高、能源资源消耗较大、科技创新能力不足等问题比较突出，建筑业与先进制造技术、信息技术、节能技术融合不够，建筑产业互联网和建筑机器人的发展应用不足。特别是在新冠肺炎疫情突发的特殊背景下，建筑业传统建造方式受到较大冲击，粗放型发展模式已难以为继，迫切需要通过加快推动智能建造与建筑工业化协同发展，集成5G、人工智能、物联网等新技术，形成涵盖科研、设计、生产加工、施工装配、运营维护等全产业链融合一体的智能建造产业体系，走出一条内涵集约式高质量发展新路。

（一）工业化装修是高质量发展的必然要求

我国经济已由高速增长阶段转向高质量发展阶段，正处在转变发展方式、优化经济结构、转换增长动力的攻关期，建设现代化经济体系是跨越关口的迫切要求和我国发展的战略目标。建筑与房地产业也处在企业转型升级、产品更新换代、行业提质增效的重要时期。我国城镇化率已经达到60.6%，城市发展建设模式已经从外延扩张向内涵提质转变，进入对存量提质增效阶段。我国存量建筑数量巨大，多数需要功能改造和性能提升。传统的装修方式能耗高、环境污染大，效率低、工程质量差、效益低、劳动强度大，不能满足高质量发展的要求。高质量发展就是要实现数量与质量、效率与效益、增长与发展的统一。推进工业化全装修、建设成品房是新时代建筑与房地产业的发展方向，是促进产业转型升级、优化产业结构、转换增长动力，提高质量和效益，实现增长和发展统一的有效途径。装修工业化是建筑工业化体系的重要组成部分，从投资、工程量等方面衡量，建筑装修占到建筑工程量的一半以上，建筑工业化装修是实现建筑业高质量发展的重要环节和必然要求。

（二）工业化装修是绿色发展的必然要求

绿色发展就是要坚持节约优先、保护优先、自然恢复为主的方针，形成节约资源和保护环境的空间格局、产业结构、生产方式和生活方式。大力发展装配式建筑是建筑业绿色发展的必然趋势，《国务院办公厅关于大力发展装配式建筑的指导意见》（国办发〔2016〕71号）指出，发展装配式建筑是建造方式的重大变革，是推进供给侧结构性改革和新型城镇化发展的重要举措，有利于节约资源、减少施工污染、提升劳动生产率和质量安全水平，有利于促进建筑业与信息化、工业化的深度融合，培育产业新动能，推动化解过剩产能。当前，建筑建造方式仍以湿作业手工为主，劳动生产率低、资源消耗大、产品质量低、环境污染大，与绿色发展及绿色建筑的要求还有很大差距。装配式建筑包括主体结构、围护墙和内隔墙、装修和设备管线装配等，《装配式建筑评价标准》GB/T 51129—2017 中“装修和设备管线”占 30%，因此装修和设备管线是装配式建筑的重要组成部分。工业化装修是装修和设备管线实现装配化的唯一途径，是发展装配式建筑的必然选择。

（三）工业化装修是市场发展的必然要求

当前，建筑业面临工人技能差、劳动力短缺、老龄化严重、成本越来越高；现场手工作业、劳动强度大、质量控制难、浪费污染大、施工周期长等发展瓶颈。据统计，我国建筑装饰行业从业人员 1620 多万，一线工人 420 多万，28 岁以下青年一线工人 60 多万，年轻人很少愿意从事建筑行业，技术工人越来越少。从发达国家经验看，建筑业人工成本占比为 40%～60%，我国目前建筑业人工成本占比为 25%～35%，人工成本将会越来越高。工业化装修能做到“全标准化设计、全工业化生产、全装配化施工、全信息化管理”和“零缺陷、零污染、零垃圾”的高精细水平，实现从现场作业到工厂生产、手工作业到机械安装、材料产品生产到技术体系集成，减少人工投入，提高生产效率。从供给侧看，工业化装修有利于提质增效、减排降耗、节约资源、保护环境。从需求侧看，工业化装修能保证质量和安全，提高装修的绿色、健康、舒适性能。传统装修以现场湿作业为主，湿作业中油漆、涂料、胶粘剂是不可或缺的基本材料，甲醛、苯、氨、TVOC 等污染物是造成室内污染的根源，因装修造成的污染尤其严重。据中国标准化协会提供的调查结果显示，国内城镇居民 68%的疾病是由于室内空气污染造成的，城市家庭室内空气污染程度普遍高出室外 5～10 倍。2017 年国家室内空气检测机构的统计显示，新装修居室中有害气体严重超标的超过 90%。北京儿童医院的统计分析表明，该院 90%以上的白血病小儿患者的家庭在半年内曾装修过，有的还是豪华装修。上海一些医院的血液科收治的血液病患儿中有 80%是迁进新居半年或半年以上的居住者。绿色可持续、环保健康的工业化装修替代传统装修是市场发展的必然要求。

（四）工业化装修是产业结构调整的有效途径

随着建筑业建设体制改革的深化，大力推进工程总承包、建筑全装修，及行业监管和服务模式的创新发展，建筑业的生产和供给体系要适应改革发展的要求，产业结构和管理模式必然要进行结构性调整。《住房和城乡建设部等部门关于推动智能制造与建筑工业化协同发展的指导意见》（建市〔2020〕60号）提出：到2025年，我国智能建造与建筑工业化协同发展的政策体系和产业体系基本建立，建筑工业化、数字化、智能化水平显著提高，大力发展装配式建筑，推动建立以标准部品为基础的专业化、规模化、信息化生产体系。加快推动新一代信息技术与建筑工业化技术协同发展，在建造全过程加大建筑信息模型（BIM）、互联网、物联网、大数据、云计算、移动通信、人工智能、区块链等新技术的集成与创新应用。当前，建筑业能耗高、污染大、生产粗放的局面仍未改变，据统计，建筑占用了全社会能耗的50%，消耗了48%的水资源，排放了50%的温室气体以及40%以上的固体废物。此外，各种建筑装饰材料散发的甲醛、苯、甲苯、乙醇、氯仿等有机物造成的影响日益严重。有调查显示，世界上30%的新建和重修的建筑物中发现了有害健康的室内空气污染物质。工业化装修体系已经初步建立了硬装（吊顶、地面、墙面）、厨卫、功能（隔墙、门窗）、增值（收纳、智慧、软装）、水电暖通产品体系，全面涵盖内装应用需求，全面实现工厂化生产、装配化安装、数字化管理，改变了传统的产业结构，形成了新型工业化发展格局，工业化装修替代传统装修是建筑业所必需的技术变革，是加快推进建筑业产业结构调整的有效途径。

二、工业化装修的技术体系

工业化内装技术体系按照分部分项工程分为墙面系统、地面系统、隔墙系统、吊顶系统、卫浴系统、厨房系统、布线系统和智能系统八大技术体系。

（一）技术体系的特点

工业化装修坚持标准化设计理念，以BIM技术为核心，通过应用新型绿色建材、工厂化生产、装配化施工等新技术、新产品、新工艺，形成了完整的内装技术体系，实现了全预制、全装配、全干法，保证了装修工程高质量、高效率、均质化、个性化，创造了绿色、健康、舒适的居住品质。

1. 墙面系统。墙面标准化设计采用模块化设计方法，将构成墙面的各功能单元逐级分解，形成空间和部品两个层级的模块系统。墙面可分解为基层、面层和后置成品类结构，将三类结构二次分解形成墙面部品模块系统。基层结构由墙面基层找平、找平连接、局部基层找平等构成。面层由平面墙饰面板、单框造型饰面板、墙面阳角板饰面、墙面踢脚板饰面、床背景、组合背景板、电视背景、装饰线条等构成。后置成品由门窗、门套、窗台板、窗套等构成。通过对模块的选择性组合和合理化配置，获得不同类型、不同规格的空间布局形式，如：将一般标准住宅墙面包含的空间区域划分为：玄关、客厅、餐厅、过道、卧室、书房、衣帽间等。采用管线分离方式进行设计，面板、线盒及配电箱等与内装部品集成设计，墙面内预留预埋管线、连接构造、后置成品安装所需空洞和埋件。传统墙面开关、插座在安装墙饰面板前，需将每个开关、插座的高度进行标记，在墙饰面板安装到此位置时，在墙板相应位置作标记，现场边安装边进行墙板开洞，此布线方式工序较多，拆改较为困难。工业化墙体通过找平构件架空墙饰面板，同时也能预留预埋线管，墙饰面板开关、插座位置工厂预先开孔，现场通过特殊设计的连接构件进行管线连接，墙饰面板安装好后，相应开关、插座底盒也能完成安装，既保证了施工质量，同时也能节约施工成本。墙板是根据用户需求提出系统装修解决方案，其表面除了有彩色的图案之外，还具有凹凸感，立体感很强，室内装饰装修中，墙面需要大面积装饰，墙板高度集成既能完成业主对外观的需求，同时也能快速完成墙面装饰。

2. 地面系统。楼（地）面系统可使用的饰面材料有瓷砖、石材、木地板和仿纹理地板四大类。楼（地）面板材材料及种类较多，规格多样，在板材排板中，遵循美观性的要求，合理拼缝，瓷砖、石材等面板材料可采用对缝、对中缝或有规则错缝拼接，入门处宜采用整板铺装。当饰面材料为实木石塑地板时，该产品自身厚度为 6.5mm，为石塑板双面贴木皮产品，在基层板上铺装时，需要增加一层平衡层；当饰面材料为瓷砖时，该产品自身厚度为 10mm，为吸水率≤0.5%的干压陶瓷砖，在基层板上铺装时，不需要增加额外平衡层，可直接铺装。楼（地）面系统中应用架空产品时，当水电管线铺设在架空下方时，需要结合原始地面平整度、管线直径甚至管线交叉情况下高度占用空间的大小来确定架空设计的高度，尽量减少高度空间的浪费。

3. 隔墙系统。将隔墙的各单元逐级分解，形成基础和功能两类结构的部品模块系统。基础模块由葛青板、局部隔墙板、隔墙收口、隔墙转接等构成；功能模块由走线单元构成。为了应对传统隔墙工程的缺点，隔墙注重设计阶段的作用，装配式内装工程隔墙设计会根据设计思路和方案对装配式隔墙模块进行选择、排列，通过BIM软件模拟不同隔墙模块安装和使用情景，在敷设管线的位置预留相应空腔，选择最优的模块配置和布局，并针对管线设备、门窗洞口、吊挂重物的部位进行局部加固设计。传统隔墙内装工程中，隔墙是现场砌筑的实体墙，很大程度上缺失了设计阶段工作，其一：管线敷设需要在隔墙上现场施工开槽，对隔墙强度有一定影响，虽然敷设管线后会回填水泥砂浆等材料进行补强，但是强度依旧会比原状态差，同时由于开槽回填工序属于湿法作业，需要静态养护一周时间方可进行下一步骤工序，造成时间上的极大浪费。其二：隔墙的砌筑方法很大程度上由工人师傅根据经验和现场情况自行决定，这会导致一些设计上的重点位置被现场忽略，导致使用时出现不良状况。

4. 吊顶系统。将吊顶逐层分解形成空间和部品两个层级的模块系统。空间模块主要由部品层级模块组合而成，结合具体空间需求而设定的一系列模块，主要包括双层普通跌级造型、双层线条跌级造型、三级线条造型、双层灯槽造型、三层线条灯槽造型、圆形跌级造型等。部品模块主要由面层和后置成品两类结构构成。面层包括跌级立框块、灯槽造型、平面板、窗帘箱、面层收口等。后置成品包括暖通成品、照明成品等。模块化吊顶进行分区模块化设计，无需吊杆，自带龙骨加强体系，安装快速，改变了传统的湿法吊顶安装工艺，简化安装工人的工作步骤，大幅提高工效，施工现场无打孔造成的噪声、粉尘，绿色环保。模块化吊顶将各模块组件移至工厂精细化生产，现场只进行后期组装；大型机械智能化加工，成品更加标准、精美；提高了材料利用率、部品质量，减少了现场污染和建筑垃圾，各模块组合安装，可满足各种不同的造型和风格需求。为了满足人们日益增长的需求，吊顶系统发明了多种功能模块，如照明功能模块、风口模块、检修口模块、消防功能模块及其他功能模块。

5. 卫浴系统。集成卫浴系统已经形成成熟的部品体系，关键环节是处理好整体卫浴与建筑墙面、门窗洞口、设备关系的处理与连接。

6. 厨房系统。集成厨房也已经形成了成熟的部品体系，应根据橱柜和厨房设备以及给水排水、燃气管道、电气设备管线的布置，设置集中管线区，合理定位，并设置管道检修口。

7. 布线系统和智能系统。工业化装修采用管线和墙体分离技术，将设备管线与建筑结构体相分离，顶面电气管线敷设于原结构与顶饰面层间，墙面电气管线敷设于结构层饰面之间，不在建筑结构体内预埋设备管线。智能系统包括智能家居的一系列技术，已经形成很成熟的技术系统。这两大系统通过BIM技术的综合运用，可做到精细化设计、精确化安装、精准化管理。

（二）工业化装修优势

工业化装修采用扫描技术，快速精准获取现场数据；运用BIM技术快速精准拆单，无缝对接采购、生产、安装及后期维护及成熟的八大技术体系和便捷的现场安装，是装修产业技术的重大变革，实现了高度工业化生产、现场组装、数字化管理，极大提高了劳动生产率和社会效益。

1. 环保效益。工业化装修技术采用新型纳米高分子材料和复合材料，可实现建筑装饰工程材料的可回收利用，回收率达到85%以上。采用模块化集成技术，实现工厂化预制，有效减少现场二次加工浪费及垃圾产生，单户垃圾量可以降低90%。采用全装配式作业方式，无湿法作业，无油漆，无现场加工，降低装修噪声、粉尘污染，杜绝空气污染，即装即住，甲醛、TVOC、氡、氨等空气质量指标优良，节约资源，无污染，可持续。

2. 质量效益。工厂化生产部品部件，产品质量稳定，高精度的现场测量，工厂机械化加工，现场机械化装配式施工实现部品部件均质化。模块化的产品技术，标准化的装配工艺，流程化的安装步骤，在标准范围内全面实现质量可控，误差小，确保质量的精准。保障面层无开裂、变形，新型材料防潮、防霉变，表面层纳米抗菌，核心构件采用防水底盘，杜绝渗漏等隐患及质量通病。

3. 成本效益。应用新型装修材料，工程综合成本较传统装修方式降低约10%～20%。应用装配式工艺，工程总工期从120工日减少到40工日，维修、维护及二次更新便捷，成本大幅度降低。人工由技术工种转变为产业工种，人工单价降低20%。

4. 工期效益。传统装修单户工期最少90天，工业化装修单户施工工期约为10～15天。对既有建筑改造与功能提升项目而言工期效益更为显著，设计、测量、加工工期不影响建筑的正常运行，现场安装可在较短时间内完成，具有明显的工期效益。

三、工业化装修存在的问题与建议

在大力推进装配式建筑的政策引导下，工业化装修技术得到迅速发展，像浙江亚厦、金螳螂、南通三建、龙信集团等一大批大型企业集团研究开发了工业化内装技术体系，并在工程建设中进行了探索与实践，取得了良好成效。尽管工业化装修已经取得一定成效，但由于市场环境、政策激励、计价标准等因素影响，推进工作还存在一些问题和困难。

（一）工业化装修推进工作存在的问题

工业化装修是装修行业技术的重大变革，从消费理念、技术标准、政策支持、人才队伍等方面还存在应该解决的重大问题。

1. 装修技术标准不健全。目前，国家级工业化装修标准还未出台，尽管已经出台了部分团体标准、企业标准，但各类标准不统一，缺乏通用性和公信力，造成行业监管及项目管理、检测、验收缺乏有效依据。

2. 工程造价计价缺乏依据。工业化装修与传统现场湿作业完全不同，部品部件在工厂加工，工程量消耗、人工费、材料费、施工机械使用费、部品部件储运费、现场管理费等的计价内容和方法发生很大变化。传统的装饰装修定额已经不适应工业化装修，造成工程招标投标、工程预结算、财务审计等工作没有计价依据，尤其在招标投标阶段，工业化装修与传统装修不能相提并论，没有可比性，难以引导技术推广与发展。

3. 建设成品房的政策引导不够。毛坯房交付的模式已经成为行业惯例，对建设成品房的政策支持力度不够，严重阻碍了工业化装修技术的推广应用。另外，《装配式建筑评价标准》GB/T 51129—2017 的引导性不够，该标准中装修相关内容占比不到40%，并对装配式装修评价与鉴定的标准不明确。装配化装修是装配式建筑的重要组成部分，应该与建筑主体占据同样的比重。装配化装修技术相对成熟，从某种程度上更应提高装配化装修的评判分值。

4. 装修成本与房屋总价格捆绑。受房地产市场调控的影响，有些地区将建设成品房的装修成本含在房屋总价内，限制了开发企业对装修品质和投入的愿望，挫伤了推广应用工业化装修的积极性。同时，由于房屋总价提高，购房者的契税、房屋维修基金等税费相应提高，也影响了消费者对成品房的认可度。装修成本与房屋总价相分离，有利于装修质量保证与溯源、国家税收回流与增加，以及为购房者税费减负，也有利于激发开发企业建设高品质住房和应用工业化装修的主动性、积极性和创造性。

5. 建设项目管理制度的因素。现行建设项目管理制度是针对传统的现场手工湿作业的生产方式，很多方面已经不适应新型工业化生产要求。如，招标投标的方式、暂估价方式、形象进度核定、验收标准、工程质量保证金计取方法、安全文明施工要求等。

6. 专业管理与产业人才缺乏。管理人员普遍没有从传统装修的习惯性意识中脱离出来，标准体系、技术系统还没有建立和完善，产业工人的培训与培养体系还没有形成。

（二）推进工业化装修政策建议

推广工业化装修是大力推进新型建筑工业化和推动智能建造和建筑工业化协同发展的重要内容和有效途径，应加大对工业化装修的政策支持力度，从技术、经济、管理政策等方面予以相应扶持与激励。

1. 大力培育工业化装修产业发展。工业化装修占据装配式建筑的半壁江山，具有相对独立的技术体系和产业链条，是建筑工业化大体系下比较完整的产业分体系。各级建设主管部门及各级地方政府部门应提高对工业化装修产业发展重要性的认识，把工业化装修产业纳入建筑业发展的重要工作，在推进住宅全装修的基础上出台相关政策，明确新建建筑中采用工业化装修的比例，在实施城市更新行动中，鼓励优先采用工业化装修技术，培育和引导工业化装修产业新发展。

2. 加大支持工业化装修技术研发。工业化装修是建筑工业技术部品的集成，是跨学科新型专业，技术发展尚处于初级阶段，应加大工业化装修的基础技术和关键技术研发，加快建立绿色环保、节能减排、高质高效、数字化管理的工业化装修技术体系。国家应将工业化装修与装配式建筑并同列入重点研发项目，加大科技研发投入，完善技术体系及推广应用机制。鼓励工业化装修相关技术研究，对开展工业化装修技术研究的相关企事业单位给予科技创新政策支持。

3. 加快制定工业化装修政策措施。参考装配式建筑的相关政策，对工业化装修予以政策支持。一是制定建设成品房的政策，限制或取消毛坯房，对推广应用工业化装修建设的高品质住宅小区及开发企业予以表彰，并在融资额度、企业信誉、资质等方面给予鼓励。二是加快研究制定工业化装修工程技术标准和造价计价方法标准，完善监管和计价依据。三是对应用工业化装修技术的开发项目，应将装修部分成本不列入房价调控范围，并给予容积率、预售条件及销售价格上浮等奖励政策。四是工业化装修可按技术复杂性或技术专利部分进行邀请招标；EPC 或总承包招标以暂估价方式（不参与竞争），由建设单位单独发包或进行二次招标。五是在建筑结构没有完成验收前，允许装修部分工序提前介入。六是形象进度鉴定时，允许相应工业化装修部件的生产加工完成并检验合格，视同形象进度予以核定。七是工程质量保证金计取基数可以扣除预制构件价值部分，为工业化装修企业减负，提高资金的流动性。八是支持工业化装修企业申报高新技术企业，优先享受国家、省市级建设专项资金资助。

4. 加强工业化装修专业人才培养。出台建立工业化装修人才引进培养机制，加强高层次管理人才的培养和储备。相关高校应结合实际增设相关专业和课程，加快培养工业化装修人才。开展工业化装修企业和管理部门相关人员的分类培训，培养工业化装修实用技术人员。在装配式建筑试点城市及装配式建筑产业化基地实施中，对人才培养应有相应的考核指标要求。鼓励校企联合，通过理论与实践相结合的方式，培养工业化装修相关人才。

5. 加强工业化装修舆论宣传引导。加强工业化装修的舆论宣传，引导科学合理的消费理念，营造建设高品质成品房的市场环境。建立政府、媒体、企业与公众相结合的推广宣传机制，定期组织开展相关活动。加强工业化装修企业间的交流与合作，定期向社会推介优质、诚信、放心的技术、产品和企业，提高社会对工业化装修的认知度、认同度。

12 实施住宅全装修存在的问题和对策

全装修住宅是建设领域转型升级和推进绿色节能建筑的重要抓手。但基层调研发现全装修住宅投诉较多，群众意见很大，且二次装修行为呈现多发态势，带来二次污染，浪费社会公共资源。本文以调研浙江省商品房住宅全装修政策存在问题为主，通过仔细分析梳理关于如何加强房产开发各个流程环节的相关政策保障，提出切实可行的对策，从而达到住宅全装修绿色节能的最终目的。

一、住宅全装修政策背景和实施情况

2016 年，根据《浙江省人民政府办公厅关于加快推进住宅全装修工作的指导意见》（浙政办发〔2016〕141 号）的规定，推行住宅全装修，实行成品交房的政策，是推动供给侧结构性改革、顺应新时期住房新需求的重要内容，既有利于保证房屋结构安全、改善人居环境，也有利于节约资源、减少污染。

该政策实施几年以来，在促进住宅建设领域节能降耗、推动绿色建筑和节能建筑以及住宅产业化发展上取得了一定的效果。

全装修住宅因其具有绿色、环保、便捷、节能等优点而广受社会公众的大力推崇。但随着越来越多的全装修房屋上市，因价格、质量等问题的投诉纠纷也不断出现。近年来，商品房交付使用过程中的纠纷不断增多，投诉量呈上升趋势，个别项目还因此引发群体事件，既影响开发企业自身经营，又影响社会稳定。特别是目前很多住宅小区实施住宅全装修房作为交付标准，交付时所涉及的问题更多。全装修商品房投诉率上升，维权途径不畅，易引发群体性维权事件。

据了解，温州市瓯海区目前已有 5 个楼盘 2400 套全装修项目交付使用，暴露出的问题和矛盾主要有：全装修的质量和品质问题、交付标准和样板房前后不一致，设计的合理性和实用性不足，个性化需求难以满足等。这些问题不仅在温州市，乃至全省其他兄弟城市全装修实施过程中同样较为突出。

为此，浙江省建设主管部门分别在 2020 年 5 月和 11 月出台了《关于进一步做好住宅全装修工作的补充通知》（浙建〔2020〕6 号）等文件，明确规范全装修住宅项目应在规定时间内保留规定套数的样板房，在合同中列出装修材料设施明细，样板房不得加装约定交付标准外的设施设备，实施“所见即所得”等细则，以化解当前部分楼盘项目“交付即维权”的现象，以遏制虚假宣传，保护购房者权益。但以上政策由于深度不足等原因，以及各地区实际情况差异，目前尚无法全面覆盖住宅全装修存在的主要问题。

二、当前住宅全装修存在的问题

（一）相关配套法规和监管不健全

1. 住宅全装修的相关配套法规不健全。如设计、施工、监管等方面均参考原有《建筑法》法规体系，存在粗放、漏洞等情况。全装修住宅相对于毛坯房来说，专业分工多、细节烦琐，对质量管控能力要求更高，工程监管难度更大。虽然已经将全装修列入标准编制计划，但是牵涉具体标准精细化不足与出台时间滞后。

2. 全装修住房监管机制缺位。全装修涉及的国家发展改革委、住房和城乡建设部、市场监督管理局、自然资源和规划局等部门难以形成合力，缺乏联动机制，监管力度弱。特别是在目前的审批流程中，对全装修方案和实施存在管理盲点。目前尚无法实行对全装修商品住宅的装修质量进行分户仔细监督、检查和验收，全装修成品房的质量监管全靠企业的自律行为。

（二）设计个性化需求难以满足，交付后拆改较多

1. 全装修设计不合理，无法提供菜单式和个性化服务。为了节约采购成本和简化管理，以及众口难调等，几乎所有开发商都采用统一装修设计，但难

以满足购房者多元化和个性化需求。忽视了改善与刚需的差异，对基本型住户造成了不必要的经济负担，对改善和高端型客户而言却标准过低。

2. 二次装修浪费严重。由于全装修无法满足业主的个性化需求，让大部分业主难以做到拎包入住，导致后期不可避免地进行二次装修，与全装修以人为本、节约资源的绿色理念相悖。根据调查，温州市瓯海区已交付楼盘40%～50%以上的业主大多要拆除重新装修，造成了更大的浪费和污染。每平方米1000元左右的装修标准，就是应付政策，留给业主进行二次装修，由此造成严重的资源浪费。

（三）样板房制度漏洞，虚假广告和预售问题

1. 样板房制度漏洞较多。为了加快宣传销售，大部分开发商会在售楼处设置样板房作为主要宣传手段，与交付实际差距较大。许多项目样板房在后期无法避免被拆除，而拆除的惩罚仅仅限于消费者权益法，罚款仅十万～五十万元，大大侵害了购房户“所见即所得”的相关权益。部分开发商为了规避法规，再另行设置实体样板房却没有告知业主。

2. 销售环节漏洞较多。除杭州、宁波外，我省大部分地区执行工程投资25%作为预售条件，尤其温州地区为了土地财政，执行中十分宽松，开发企业从拿地到上市的时间更仓促，装修标准和方案都在预售前期就已进行广告宣传，后期实施往往很多不一致。开发商提供合同文本不够规范，对于全装修质量标准以及装修项目、品牌、规格、型号等较笼统，交付房屋与样板房、广告宣传不一致，导致交付纠纷不断。通常采用双合同形式，房产销售合同和委托装修合同分开，装修合同通常为第三方签署，规避监管，导致扯皮更多。

（四）全装修质价不对等，施工质量品质差

1. 合同中装修材料约定不明，缺乏全装修造价审查机制。由于住宅销售限价，开发商只能通过全装修来牟取暴利。合同中装修材料清单约定不明，具体品牌、型号、等级、规格、数量等信息不全，出现“或同等价位产品”等字样。开发商利用合同含糊牟取暴利，导致装修材料严重缩水、减配。当购房者要求公开全装修的详细造价明细时，开发商往往以商业机密为由拒绝公开，严重侵犯了购房者的知情权。开发商对全装修拼命压价，据业内人士透露，开发

企业的采购价基本为六折。标准高的家用电器等虽是知名的品牌，但往往是低配。

2. 施工队伍素质参差不齐，质量通病较多。住宅全装修政策实施以来，装修施工企业需要同时短期内完成成百上千套住宅的装修任务。浙江省传统家装企业普遍规模小，市场上具备大规模住宅装修施工能力的企业寥寥无几，转包分包给其他小公司、小队伍的现象严重，施工工艺还是以现场湿作业及人工操作为主，导致工程质量参差不齐。全装修的大批量施工，加上缺乏有效的监管，导致一些全装修住宅装修质量得不到保证。普遍存在部分瓷砖空鼓、渗水、开裂等质量问题，一套房子的问题少则几十个，多则上百个。

（五）交付流程漏洞，质保与维权困难

1. 交付标准争议及流程不规范。国家对全装修房的交付标准只有指导标准，没有强制标准，全装修工程就没有被强制纳入建设工程竣工验收备案和质量监督管理中，导致交付标准的缺失。交付流程不规范，商品房交付使用前，收房流程没有公示也无备案。开发公司单方面制定的收房流程一旦存在霸王条款（如在某某日期之内，若购房者不进行收房视同收房完成），购房者找不到有力的沟通渠道，投诉无门，问题得不到解决。

2. 质保的责任主体存在分歧，购房者维权难度增加。由于销售采用双合同形式，当装修质量存在问题时，购房者维权难度增加，后续维权的责任主体难以界定，开发商和装修公司存在严重的推诿。另一方面由于期房的特殊性，建筑工地一般实行封闭管理，购房者无法进行调查取证，导致交付后通过司法途径维权极度困难。另外售后局部“缝补式”的维修难以让业主满意，导致二次装修增多。

二次装修改造后再发现房子出现问题时，极易引发质保的责任主体分歧，质量保修的维权就非常困难。

三、全装修住宅问题分析

针对这些现象和存在问题，2020 年浙江省虽然补充了相关政策，但经深入分析，仍然存在三方面深层次问题。

（一）政策深度不足，缺乏量化细化控制手段和处罚措施

现有省、市两级的住宅全装修文件，均有不少针对性的政策性条文，如"倡导菜单式装修，对消费者提出的个性化需求，由供需双方协商解决""鼓励实施样板房保全证据影像公证及样板房承诺书公证""鼓励推行工程质量缺陷保险，进一步完善住宅全装修质量风险防范机制"。但是以上条文均为鼓励、提倡性条文，地方实施具体的措施细则并未完善，建议地方政府在省、市"所见即所得"政策基础上，联合相关部门制定详细措施和具体的奖惩制度。

（二）样板房制度有漏洞，预售许可和合同备案问题

样板房在竣工时被拆除的情况十分常见，开发企业没有勇气树立精装修品牌，拆除样板房违法成本过低。预售条件宽松导致前期工作匆忙，购房者选择和了解不足，开盘全装修准备不成熟。在购房合同和装修合同拆开的情况下，导致前期强买强卖，后期购房户维权困难。

（三）建筑业水平限制，工人素质和装配式工业化程度低

我国建筑公司一直是毛坯房建设，全装修在后期交付后由使用者和装修公司进行。住宅全装修相关技术法规配套不齐全，所以在五方主体质量验收环节精细度不足。受建筑业水平限制，装修公司基本以小微企业为主，没有形成强大的家装企业，从业工人素质低下，以包代管比较常见，管理水平落后。住宅全装修施工技术水平落后，以传统工艺工法为主，现场湿作业较多，导致材料浪费，住宅内装修装配式基本没有，工业化程度低，导致质量难以保证。

四、全装修住宅政策主要建议

（一）完善配套法规，强化监管力度

通过顶层立法，采取更加严厉和具有可操作性的管控政策。建议住建、物价、市场监督等部门建立联动监管机制，尽快制定商品住房全装修实施细则，共同提升全装修住宅工程建设管理水平。建立全装修实施方案审查制度，对装修多样化、样板房实施及装修合同等进行审查。

加强全装修施工图审查、装修工艺规范、装修标准说明书的管理，确保工程施工质量和使用功能。引入联网监控等智能化手段，强化施工现场管控。借

鉴杭州质量保险制度，由开发公司与保险公司签订质量保险合同，为后续质量投诉处理提供第三方保障，减轻政府部门压力。

政府部门应联合住建、质监、市场监督等多部门联合加强监管，并建立房地产开发企业全装修住宅诚信体系和评价制度，政府部门和社会联合评价。对问题严重、违规典型的企业进行负面清单排名再予以曝光，实行末位惩戒措施。对质量较好、工艺先进的项目和企业进行行业宣传和技术推广，促进各企业共同进步，使住宅全装修能够真正成为实现绿色环保、群众满意的民心政策。

（二）量化实行菜单式装修

对于全装修住宅设计，开发企业应考虑建筑师与室内设计师在住宅方案阶段开展联合设计。在政策中强化“菜单式”装修量化要求，房地产开发企业应当对每个户型提供3套以上且每套户型不少于30户的装修设计方案，每套装修设计方案均应提供可供选择的符合环保标准的材料、设备菜单；对购房者符合法律法规和规范标准的个性化需求，房地产开发企业应当相应调整装修设计，在主色调上适当满足个性化需求。

建议区别业主的不同装修需求，分投资型需求、基本型需求、改善型需求和高端型需求。全装修方案应根据项目具体情况认真分析潜在客户的特点和需求，区别对待。开发商可以仅完成基本工序，表层由业主委托开发商、装修公司或自行完成，自行决定品种和色彩。留有较多的空间，让业主自行发挥，满足个性化需求。拟定菜单式的装修方案，各材料进行拼装，让用户根据自己的个性需求进行选项后，再交由房开公司委托装修公司进行施工，像制造汽车一样，根据所提供的配置、颜色、材质等进行生产。装修价格可根据所选材料的价格表以及工艺所增加的人工费进行调整。

（三）完善规范样板房和预售制度

要规范房地产开发企业的广告宣传行为，防止夸大宣传和虚假广告。完善全装修商品房预售合同备案制度。引入第三方机构进行全装修造价估价或编制预算，全装修商品房预售合同备案必须附带详细的装修方案和第三方装修造价评估报告，明确装修的标准和单价，将所用到的材料标准和施工工艺做成样板房，以说明书的形式告知购房户。在交房时就以说明书标注的材料品牌、型号、规格、材质进行分户验收和复核，以避免部分开发商的欺瞒及以次充好行为。若发现与说明书不符的，按评估报告的单价折价处理。

另一方面，开发商提供的样板房必须真实反映全装修住宅装修档次和装修质量，应于全装修住宅预售前制作完成实体样板房，样板房保留至全装修住宅全部交付后一定的期限，作为全装修住宅工程质量验收的参照标准。在地方实施细则中立法，加大样板房拆毁的惩罚力度。

（四）加强品质监管，提高装修技术水平

1. 设计造价审价制，确保质价相等。由政府委托第三方对房屋销售中包含的装修价格和设计图纸预算进行审计，对于未经业主确认的审计备案材料严禁修改、对以次充好的行为从严进行处罚。对于业主投诉质价不符的开发企业，列入诚信不良记录，对销售资金不予以解冻，或延迟解冻。

2. 大力支持装配式装修，提高住宅装修技术水平。鼓励采用装配式装修，由于装配式装修无污染、标准化、质量优等优点，应该将其纳入实施建筑工业化的评价标准。加强装修产业工人的培训和培养，通过政策引导，扶持一批装配式装修材料生产、装修施工监管能力强的产业队伍，提升全装修住宅质量。

3. 实施业主开放监督制。要强化购房者全程参与，通过工地开放日和远程监控等形式，让购房群众有渠道参与住宅建设的全过程，保障购房人的知情权、参与权、监督权，从根源上减少交房后的住宅问题纠纷与投诉。应在隐蔽工程验收阶段，涂料、地板等大面积工序标准化阶段，预交付阶段等重要节点设立工地开放日，可由业主代表、第三方专业人士等组成联合监督团，与开发和施工企业一起对施工现场进行核查。建立双方充分沟通的渠道，提升业主参与度，提升交付满意度。创新社会监督管理模式，通过市民监督、行业协会监督、媒体监督等方式，让社会公众参与住宅工程监督活动，合理表达质量诉求。

（五）完善交付制度和质保措施

1. 完善现行商品房的交付标准，增加全装修的具体标准。住房和城乡建设部门应修改现行的《建筑工程施工质量验收统一标准》以及《商品房买卖合同示范文本》中商品房的验收标准及交付标准，把全装修的具体标准（包括材料要求、环保要求、空气质量要求、设计标准等）作为统一的交付标准，并且预留一部分由客户和开发商协商确定，形成统一标准加客户选择标准这样一个复合型的交付标准，既能满足统一全装修的特点、保证装修材料的环保要求，又能够避免客户审美及要求不一致的弊端。

2. 规范全装修房交付流程，落实交付的公示和备案工作。开发企业应将《备案表》《住宅使用说明书》《住宅质量保证书》和《物业承接查验备案表》在商品房交付现场进行公示。开发企业不得以缴纳相关税费（住宅专项维修资金除外）或者签署物业管理文件（如物业服务费、装修保证金和垃圾清运费等）作为买受人查验和办理交付手续的前提条件。建议加快全装修商品住宅开发建设管理的相关政策文件落地与实施，制定验收标准和质量评定标准，在开发商、装修施工单位、材料商之间实现责任绑定。

3. 增设政府交付服务窗口，有力维护购房者的合法权益。住房和城乡建设部门应该制定相关的规章或规范性文件，对开发商选择装修设计及施工单位的程序、条件和造价控制等进行规范，避免其中可能产生的装修价格虚高。对交付过程中及交付后业主所提出问题及时进行归类和及时答复，为购房者提供有力的维权途径。

13 新阶段住宅建设发展之路①

随着国民经济快速持续发展，我国住宅建设取得了前所未有的成就，住宅建设对促进经济社会发展和改善城乡居民住房条件发挥了显著作用。我国的住宅建设大致经历了大规模建设、数量与质量并举的发展阶段，已经进入消费与产品升级、品质与功能提升的发展新阶段。

一、住宅建设发展前景

改革开放以来，我国住宅建设保持了持续快速健康发展，取得了巨大成就。城镇人均住房建筑面积已经由1949年的8.3m^{2}提高到2019年的39.8m^2，农村人均住房建筑面积提高到48.9m^2，据央行2019年调查统计，城镇居民住房自有率达到96.0%，城镇居民家庭资产住房占比近七成，户均住房1.5套，住房资产已经成为城镇居民家庭资产重要组成部分。“十四五”时期是我国全面建成小康社会、实现第一个百年奋斗目标之后，乘势而上开启全面建设社会主义现代化国家新征程、向第二个百年奋斗目标进军的第一个五年。住宅建设发展面临新的机遇与挑战，主要表现在以下几方面：

1. 住宅建设保持了健康发展态势。2016～2020年住宅投资由68704亿元增长到104446亿元，年增长率分别为6.4%、9.4%、13.4%、13.9%、7.6%。住宅竣工面积由77185万m^{2}增长到2019年的167463万m^2，2020年受疫情影响竣工面积为65910万m^2，年增长率分别为6.1%、−7.1%、

① 本文刊登于《住宅产业》2021年第6期。

19.7%、9.2%、−3.1%。住宅销售面积由13740万m^2增长到154878万m^2，年增长率分别为27.4%、5.3%、2.2%、1.5%、3.2%（图1～图3）。“十三五”期间住宅建设的投资、竣工面积、销售面积等经济指标保持了良好的发展态势。“十四五”期间将完善住房市场体系和住房保障体系，让全体人民住有所居、职住平衡，住宅建设仍将保持持续向好趋势。

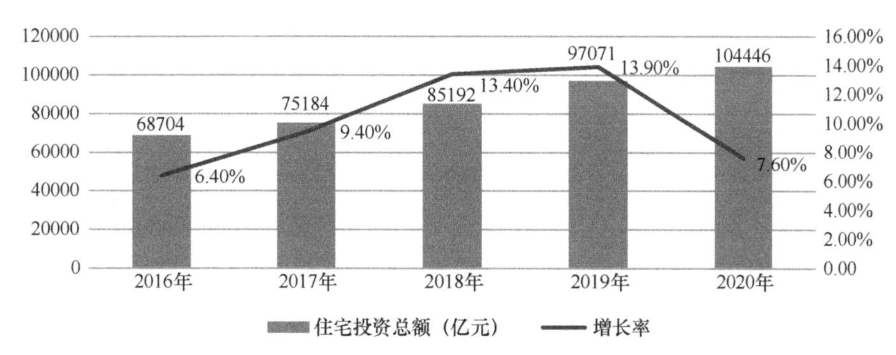

图1 住宅投资及增长率

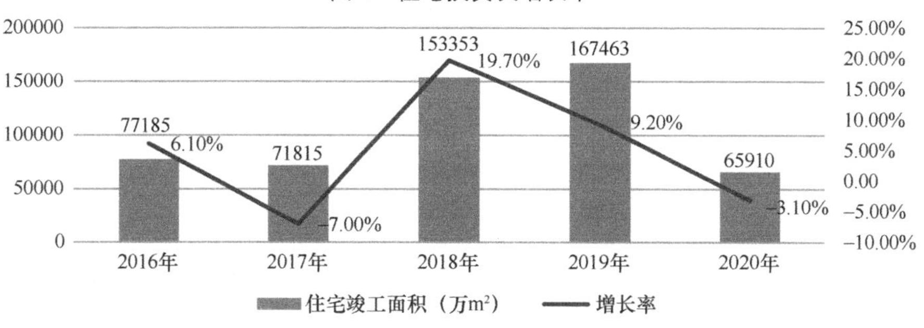

图2 住宅竣工面积及增长率

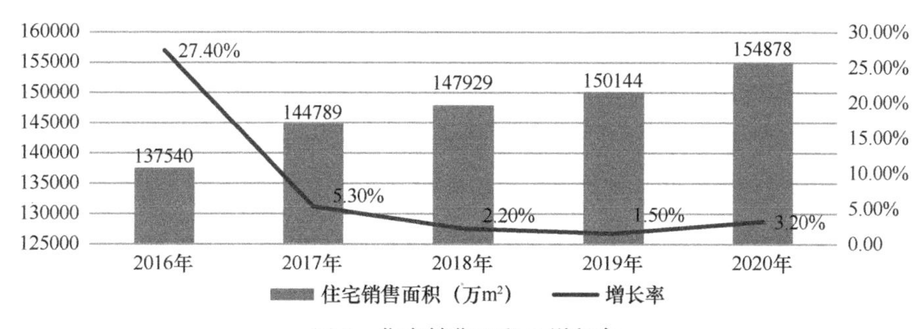

图3 住宅销售面积及增长率

2. 住宅建设还将有较大发展空间。我国还处在城镇化快速发展时期，近十几年来一直保持1%以上的增长速度。2016～2019年城镇化率由57.35%增长到2020年的63.89%，年增长率分别为1.25%、1.17%、1.0%、1.02%、5.4%（图4）。根据世界银行世界发展指数数据，2016年高收入经济体城镇化率为81%，中等收入经济体为65%。目前，我国距世界银行划分的高收入国家城镇化水平还有一定差距，今后一段时期我国仍将处于城镇化快速发展时期。“十四五”期间将深入推进以人为核心的新型城镇化战略，以城市群、都市圈为依托促进大中小城市和小城镇协调联动、特色化发展，预计常住人口城镇化率将提高到65%。随着城镇化的持续快速发展，农业转移人口全面融入城市的加快，还将有巨大的住房需求。“十四五”期间将转变城市发展方式，加快城市更新，推进老旧楼宇改造，加强完整居住社区建设，也将产生较大的住房需求。同时，我国经济社会持续向好发展，人们对美好生活的期待不断提升，改善型住房需求在不断扩大，住房的潜在需求空间还很大。

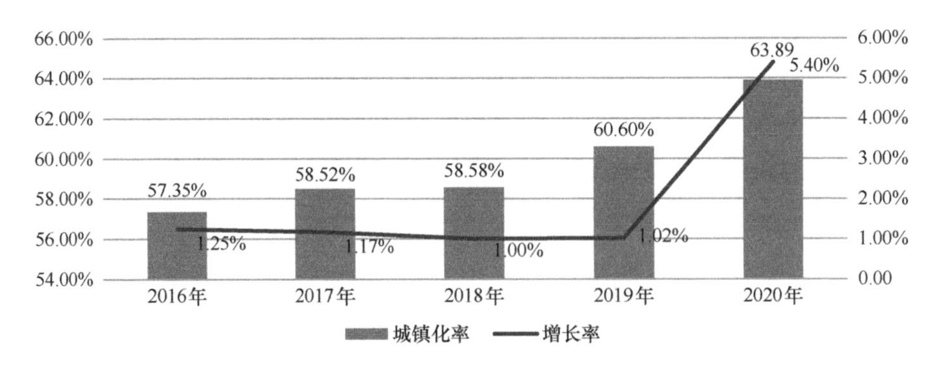

图4　城镇化率及增长率

3. 住宅需求导向将发生重大变革。住宅建设和居住水平是一个国家经济社会发展水平的重要标志，住宅品质是居民生活水平的重要体现。我国已经进入全面建成小康社会新时期，我国居民的恩格尔系数、住房自有率、人均住房面积等各项指标已经达到富裕国家水平。根据国际经验，恩格尔系数在59%以上为贫穷，50%～59%为温饱，40%～45%为小康，30%～40%为富裕，低于30%为最富裕。2016～2020年我国恩格尔系数分别为21.9%、22.4%、

23.4%、23.4%、24.6%（图 5）。据有关资料统计，2017 年美国、英国、法国、德国、芬兰、日本、韩国住房自有率与人均住房面积分别为 69%与 67m²、71%与 49.4m²、60%与 45.4m²、43%与 47.5m²、56%与 38.81m²、42%与 33.2m²。我国已经开启了全面建设社会主义现代化国家新征程，住宅需求将进入“高品质新生活”新时期，住宅建设将从“有没有”向“好不好”转变，住宅需求将从注重面积、区位向注重舒适、健康转变，住区服务将从注重管理维护向注重便民服务转变。各国住房自有率数据见图 6，各国人均住房面积数据见图 7。

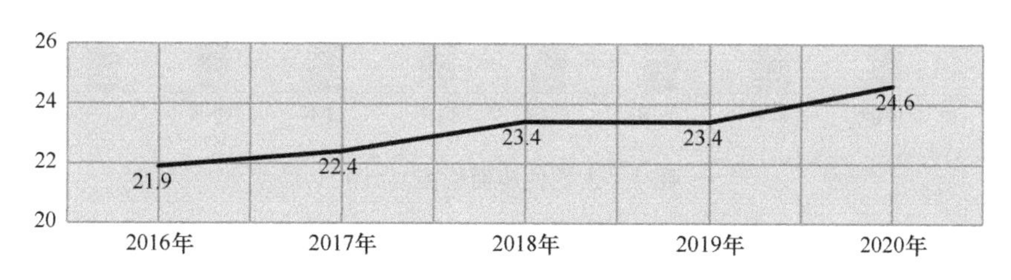

图 5 恩格尔系数

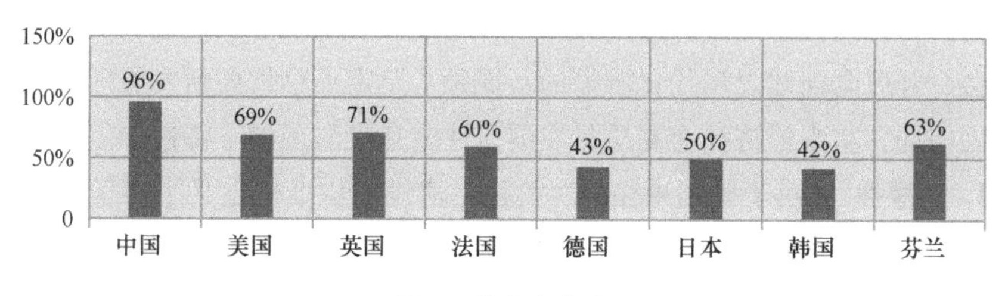

图 6 住房自有率

4. 住房市场体系呈现多样化格局。尽管我国住宅建设取得了巨大成就，但住房苦乐不均、住房品质不高、住区配套不全等问题仍然存在，尤其是大城市住房问题比较突出。大城市住房突出问题是住房结构性供给不足，住房存在供给量偏少、房价偏高、租赁市场结构不合理等问题，造成新市民、青年人等群体住房困难问题比较突出。“十四五”期间将不断健全商品住房、保障性住房、租赁住房政策体系，构建多样化住房市场供给体系。

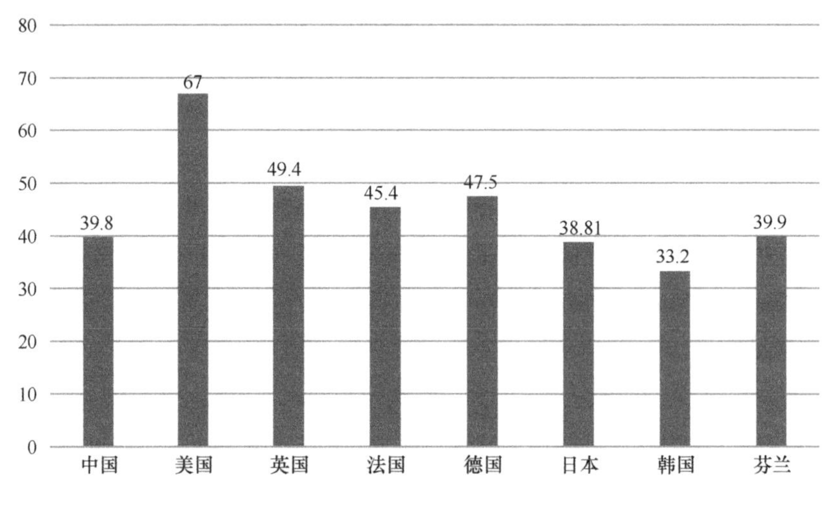

图 7　人均住房面积图（m^2）

二、新阶段住宅建设的特殊性

党的十九届五中全会提出，我国已转向高质量发展阶段，进入全面建成小康社会、开启全面建设现代化国家的新征程，坚定不移贯彻新发展理念，构建新发展格局，实现经济社会高质量发展。住宅建设呈现如下特性：

1. 宜居性。“房子是用来住的”的住宅建设定位准确定义了房子的居住属性，回归了房子的固有功能。住房宜居性包括交通便捷、配套完善、布局合理、环境优美、面积适用、功能齐全、空间合理、尺度协调、舒适经济、环保健康。“不是用来炒的”彻底否定了以房子作为投资、投机的行为，相应的税费、金融、土地等调控政策将会不断完善，为加强房地产宏观调控和建立房地产长效机制提供了依据。

2. 稀缺性。土地、环境等资源的稀缺决定了住房具有很强的稀缺性。住房商品不同于其他商品，具有不动性和高值性，同一地段不可能复制同样的产品。随着城市发展方式的转变，住宅建设将由大规模增量建设转为存量改造与增量结构调整并重，增量部分逐渐减少。同时，我国人口结构正在发生快速变化，新出生人口减少。2016 年全国出生人口 1786 万人，创 2000 年以来新高，

2017年下滑至1725万人，2018年再下降至1523万人，2019年预计为1465万人。北京，2020年户籍人口出生数量仅为10万人，比2019年减少24.3%。全国人口预测2031年达到峰值14.6亿人。随着总人口的峰值即将到来，增量部分也会呈现逐渐减少的趋势（表1、图8）。

部分城市当地出生人口较2019年下降10%～30% **表1**

城市	2019年出生人口（万人）	2020年出生人口（万人）	变化
北京	13.2	10.0	−24.3%
威海	1.8	1.5	−16.3%
东莞	4.0	3.4	−15.1%
宁波	5.0	4.4	−12.1%
大理	3.8	3.4	−10.7%

资料来源：各地统计公报，泽平宏观。

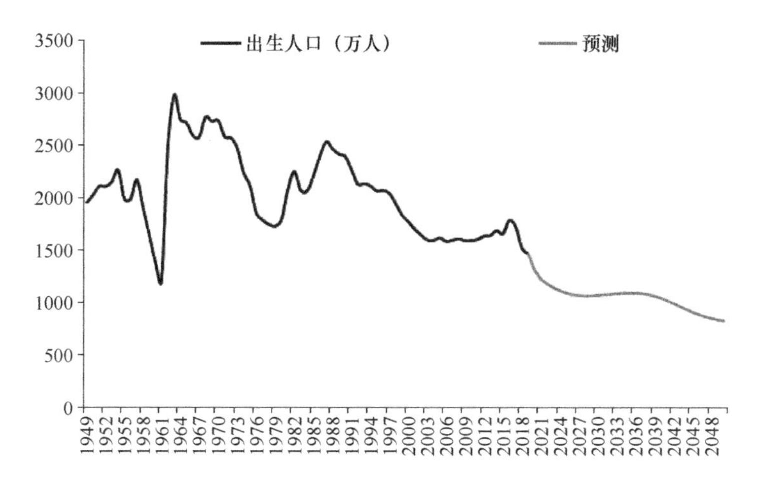

图8 出生人口处于快速下滑期

资料来源：国家统计局，泽平宏观

3. 差异性。大城市住房突出问题归结为两类需求，一是新市民的住房需求，解决“有没有”问题。主要靠保障性住房、租赁住房等方式解决；二是老市民的改善型需求，解决“好不好”问题。主要是提升功能与品质、环境与服务。当前，住宅市场需求与供给不足并存，积压库存与房源紧缺同在，其根本原因是有效供给不足。买不起房的人望房兴叹，想买房的人看房失望，主要原因是住宅品质的概念化、大众化和同质化还没改变。市场上关于住宅的名目繁多，概念层出不穷，混淆视听，还停留在炒作、渲染阶段，老百姓无所适从。住宅品质缺乏特点和亮点，缺乏企业自身的品质创造性。住宅产品类型单一，跟风现象仍然存在，缺乏多形态、多档次和多户型的供给。住宅建设应立足舒适、健康、实用的品质内涵，针对不同区域、不同群体、不同类型的市场需要创造符合市场需求、适销对路的高品质住宅。

4. 导向性。住宅与房地产业具有明显的经济导向。

一是政策导向。以“稳房价、稳地价、稳预期”为目标的调控将进一步加强，房企融资端“三道红线”，市场端限购、限售、限贷（两道红线），土地端“两集中”（集中发布土地公告、集中组织出让活动）等政策实施，房地产高增长、高周转、高利润的时期已经终结，进入稳定发展的“新常态”。住房和城乡建设部、中国人民银行联合推出的房地产企业资金监测和融资管理规则，被称为“三道红线”，于2021年1月1日起全行业全面推行。“三道红线”包括房企剔除预收款后的资产负债率不得大于70%；房企的净负债率不得大于100%；房企的“现金短债比”小于1 。此外，拿地销售比是否过高、经营性现金流情况两个方面也将作为监管机构考察的重要指标。2020年12月31日中国人民银行、银监会发布《关于建立银行业金融机构房地产贷款集中度管理制度的通知》分五档次给银行业务中房地产贷款余额占比和个人住房贷款余额占比划两道“红线”，对超过上限的机构设置过渡期，并建立区域差别调节机制。现在调控的是硬性指标，控的是预期与信贷增量。房企的“三道红线”针对房地产信贷需求。银行的“两大高压线”针对了金融体系的贷款供给。一边压“需求”，另一边控制“供给”，用漫长的时间，渐渐“熨平”房地产行业高速扩张带来的副作用，缓解金融体系对楼市的依赖。“新常态”对房企的实力门槛越来越高，必将导致强者生存、劣者淘汰，必将引导企业走强强联合、共创共赢的发展模式。

二是产业导向。以“碳达峰碳中和3060行动”为目标的产业结构优化、产品更新换代、行业转型升级的产业发展导向进一步明确，住宅与房地产业高投入低产出、高消耗低效益、高数量低品质的粗放型发展方式即将终结，进入健康发展的“新阶段”。“新阶段”必将要求开发企业加强新理念、新技术、新成果的应用，提高住宅建设“四节一环保”的效能，走绿色发展、高质量发展之路。**三是市场导向**。以“解决大城市住房突出问题”为目标，解决好“有没有”“好不好”、住房结构性供给不足矛盾的住房制度进一步完善，房地产企业靠数量规模、地段优势、土地增值的粗放型盈利模式已经终结，进入以需求为导向的“新格局”。“新格局”要求开发企业必须面向市场、面向百姓、面向未来，建设高品质商品住房、保障性住房、租赁住房，并拓展相应附加增值服务，走集团化、多元化发展之路。

三、住宅建设发展新趋势

新阶段住宅建设面临结构优化、消费升级等机遇与挑战。住宅建设发展总趋势是提质增效、减排降耗、转型升级、持续发展。

1. 新建与改造并举。2020年我国常住人口城镇化率已经达到63.89%，已经步入城镇化较快发展的中后期，城市发展进入城市更新的重要时期，城市建设模式已经从外延扩张向内涵提质转变，进入对存量提质增效阶段。《中华人民共和国国民经济和社会发展第十四个五年规划和2035年远景目标纲要》提出：全面提升城市品质，加快转变城市发展方式，统筹城市规划建设管理，实施城市更新行动，推动城市空间结构优化和品质提升。改造提升老旧小区、老旧厂区、老旧街区和城中村等存量片区功能，推进老旧楼宇改造。据统计，我国2000年以前建成的居住小区超过65亿m^2，力争在“十四五”期末完成改造任务。城市更新行动已经加快，老城区改造及城市功能提升任务量也很大。同时又提出：推进新型城市建设，建设宜居、创新、智慧、绿色、人文、韧性城市。加快建立多主体供给、多渠道保障、租购并举的住房制度，建立住房和土地联动机制，加强房地产金融调控，发挥住房税收调节作用，支持合理自住需求，遏制投资投机性需求。推进以县城为重要载体的城镇化建设，促进特色小镇规范健康发展。大中小城市和小城镇协调联动、特色化发展为住宅建设创造巨大机遇。

2. 高品质与低消耗并存。住宅品质按照社会属性可分为功能质量、性能质量、环境质量、工程质量、价值质量和管理质量。功能质量包括室内功能分区、室内交通流线、室内空间尺度、室内空间利用等。功能质量更加关注厨房（四件套：灶台 、抽油机、洗碗机、烘烤箱）、卫生间（四件套：洗手盆、淋浴间、洗衣机、自洁坐便器及干湿分离、同层排水等）等功能配置与精细化。性能质量包括室内空气环境、室内温（湿）度环境、室内声环境、室内光环境、水压水质等。温度：冬天不低于 20℃，夏天不高于 25℃；湿度：40%～70%是理想湿度；洁度：室内二氧化碳低于 1000ppm，悬浮粉尘浓度低于 0.15mg/m^3；光度：室内光线尽量保持柔和、均匀、无炫目和阴影，可调光源的亮度控制在 60%～80%，最大亮度不超过 90%；隔声：室内噪声小于 50 分贝；通风、采光：自然通风好，日照保持 3 小时/天。环境质量包括简洁的建筑造型、悦目的色彩调配、完善的设施配套、便捷的交通组织、优美的绿化景观、丰富的休闲娱乐场地、智能的管理系统等。按照植物学原则，城市的绿化覆盖率在 30%以上具有改善城市生态的作用；绿化覆盖率在 40%以上具有缓解城市热岛效应功能；绿化覆盖率在 50%以上，绿地的绿化、美化与人工环境的协调作用才能达到最佳境界。研究表明，1hm^2 绿地每天吸收 1t 二氧化碳，释放 0.73t 氧气，而成年人每天吸收 0.75kg 氧气，呼出 0.9kg 二氧化碳，依此计算，城市居民人均需要 10～15m^2绿地。

工程质量包括建筑结构的安全可靠性、建筑防灾防火、燃气电器设备安全性、防坠落安全防范、污染物控制以及门窗设施、管线设备、防水防潮和装饰装修的耐久性等。工程质量更加关注外保温体系的安全性和耐久性、用电的动态监测、门窗五金等细部质量管控。

价值质量主要指住宅的性价比。性价比越高，住宅价值越大，使用价值越高。管理质量包括物业管理、维护保养、社区文化等。管理质量是保持品质、提升品质，创造品牌、维护品牌，创造价值、提高价值的有效途径。高品质住宅可概括为面积适度品质优、功能齐全环境美、安全耐久寿命长、价格合理价值高、管理到位服务好。低消耗就是要从住宅建设的全过程、住宅构成的全系统、住宅使用的全周期全方位提高住宅建设“四节一环保”效能。超低能耗低碳建筑是高品质低消耗并举的代表和样板。

3. 新型工业化与智能建造共进。《中华人民共和国国民经济和社会发展第十四个五年规划和2035年远景目标纲要》明确提出：加快数字化发展，建设数字中国。推进智能建造技术，发展智慧建筑，建设智慧城市是推进数字化、信息化转型，加快建造方式转变、促进产业升级、实现高质量发展的必然趋势。《住房和城乡建设部等部门关于加快新型建筑工业化发展的若干意见》（建标规〔2020〕8号）提出：新型建筑工业化是通过新一代信息技术驱动，以工程全寿命周期系统化集成设计、精益化生产施工为主要手段，整合工程全产业链、价值链和创新链，实现工程建设高效益、高质量、低消耗、低排放的建筑工业化。《住房和城乡建设部等部门关于推动智能建造与建筑工业化协同发展的指导意见》（建市〔2020〕60号）提出：围绕建筑业高质量发展总体目标，以大力发展建筑工业化为载体，以数字化、智能化升级为动力，创新突破相关核心技术，加大智能建造在工程建设各环节应用，形成涵盖科研、设计、生产加工、施工装配、运营等全产业链融合一体的智能建造产业体系，提升工程质量安全、效益和品质，有效拉动内需，培育国民经济新的增长点，实现建筑业转型升级和持续健康发展。智能制造是住宅建设的发展新方向，实现智能建造，产业化是基础，数字化是手段。新型工业化与智能建造共进就是推进建筑产业化与数字化融合发展，把设计、生产、建造、流通、维护等建设环节实现精准精细、安全高效、智能绿色管理，建设高品质的建筑产品。房企的转型发展要从资金运作向实体生产转变，从单一开发向多元化经营转变，从经营房产向经营全产业链转变，发展成为生产、智造、运营为一体的集团化企业，才能保障企业的持续健康发展。

新阶段住宅建设要以品质为中心，坚持新型工业化智能制造，坚持低碳高质量发展，不断提高住宅舒适性和建设效率，满足新阶段的新需求。

第三部分

老旧小区改造

14 我国既有居住建筑改造现状与发展[①]

改革开放以来，随着我国经济的持续快速发展，城乡居民的居住条件和居住环境有了很大提高。据统计，2016 年全国居民人均住房建筑面积为 40.8m^2，其中城镇居民人均住房建筑面积为 36.6m^2，农村居民人均住房建筑面积为 45.8m^2。我国的住宅建设大致经历了大规模建设、数量与质量并举的发展阶段，即将进入改造与功能提升新阶段。

一、既有居住建筑的基本情况

全国既有居住建筑存量巨大，据初步测算，既有居住建筑总量 500 多亿 m^2，其中城镇既有居住建筑 290 多亿 m^2，2000 年以前建成居住小区总面积为 40 多亿 m^2。**从建成年代看**，据全国第六次人口普查的 10%抽样调查数据，2000 年以前建成的城镇住房中，1949 年以前建成的占 1.1%，1949～1979 年建成的占 9.2%，1980～1989 年建成的占 28.0%，1990～1999 年建成的占 61.7%。**从地域分布看**，严寒和寒冷地区（东北、华北、西北和部分华东地区）占 43.3%，夏热冬冷地区（长江流域为主）占 46.3%，其他地区（华南地区等）占 10.4%。

（一）存在主要问题

2000 年以前城镇建成的居住小区基本上是以低租金福利性住房为主，由

① 本文刊登于《住宅科技》2018 年第 4 期。

于当时的经济、技术、体制等方面因素，住宅建设标准较低，住宅的功能、性能、环境、设施及工程质量等不能满足全面建成小康社会的要求。

一是房屋破旧，功能缺失，性能不高。由于房龄长、失修失养，大部分老旧小区住房不同程度地存在着地基沉降、墙体开裂、屋顶和墙面渗水漏水等问题。部分住房不成套，无独立厨房和卫生间。老旧小区中49%的住房尚未达到现行建筑节能50%的标准要求，在实行强制节能之前的建筑，基本没有采用节能保温措施，性能差、能耗高。电力、通信线路普遍老化破损较为严重，消防设备配备不足。部分老旧小区高层建筑电梯维护保养不到位，故障频发，甚至导致人员伤亡。多层建筑普遍缺少电梯和无障碍设施等，不能满足老龄化社会需求。

二是基础设施配套不足，老化失修严重。由于建设标准低，多数老旧小区电力容量不足，部分缺乏燃气、通信设施。不少老旧小区的水、热、气等管线老化、破损，难以保持稳定供应。普遍存在无封闭围墙、无门岗、无电子防盗装置、无路灯照明等问题，安保措施不到位。物业服务等配套用房、文化娱乐和健身设施及养老服务设施普遍配备不足，55.5%的老旧小区未进行无障碍改造。道路年久失修、破损严重，机动车和非机动车停车设施严重不足，停车秩序混乱。消防设备配备不足，损坏、破坏、丢失现象较为严重。

三是居住环境质量差，私搭乱建严重。63.6%的老旧小区环境卫生脏乱差，园林绿地较少或处于无人养护状态。不少老旧小区雨污混流，有些小区垃圾、化粪池等得不到及时清理。大部分老旧小区私搭乱建普遍，楼道杂物随意堆放，公共部位失修失养。

四是建筑抗震等级低，安全隐患较大。2000年以前建成的老旧小区执行的《工业与民用建筑抗震设计规范》TJ 11—78、《建筑抗震设计规范》GBJ 11—89，与现行《建筑抗震设计规范》GB 50011—2010相比抗震要求较低。由于不同年代设计和施工标准的差异，大部分建筑抗震性能难以满足现行抗震设防要求。1980年前建成的住房（占比超过10%）普遍没有抗震设防。最新版《中国地震动参数区划图》GB 18306发布后，全国又有超过25%的城镇房屋抗震设防标准被大幅提高。据专家初步估算，我国城镇未进行抗震设防或设防烈度与现行标准相差一度及以上的住房约有近百亿 m^2，很大部分在老旧小区中，加上近阶段全球进入8级地震高发期，抗震形势严峻。

（二）原因分析

产生上述问题的原因比较复杂，主要有三个方面：

一是建设标准、设计和施工标准低。受当时的经济条件所限，在“先生产后生活”的指导思想影响下，不少老旧小区建设时，规划设计较为简单，抗震设防要求较低甚至无要求，配套设施不齐全，功能空间缺失，建筑质量不高，造成先天不足。

二是缺乏有效维护管理。老旧小区多数没有市场化、专业化的物业管理，长期处于无管状态，设施设备缺乏维修保养，质量性能下降。

三是维修资金不足。老旧小区住宅专项维修资金普遍不足，维修养护主要依靠地方财政投入，居民收入较低、出资困难，对住宅维修养护也普遍缺乏意识。

四是权责关系不清。不少老旧小区原产权单位已经破产解散，一些老旧小区尤其是房改房小区无人管理，有的老旧居住小区专有和共有部位的所有权模糊，权责不对等，维修养护不力。

二、既有居住建筑改造的进展

我国政府高度重视既有建筑的改造与更新工作。2006年以后更加关注既有建筑的综合整治改造工作，加大了科研投入，逐步完善了改造相关的技术标准，开展了老旧小区整治改造工程的探索实践，取得了很大成效，积累了很多经验和体会。

（一）重视技术研究

“十一五”“十二五”国家科技支撑重点项目分别开展了“既有建筑综合改造技术集成示范工程”“既有建筑绿色化改造关键技术研究与示范”等重大课题研究，完成了一系列技术成果和示范工程建设。2015年，住房和城乡建设部完成了《老旧居住小区基本情况与有机更新研究》《老旧小区有机更新改造技术导则》等成果。2018年7月，“十三五”国家重点研发计划项目“既有居住建筑宜居改造及功能提升关键技术”课题研究已经启动，在技术成果方面必有重大突破。

（二）完善技术标准

通过重大课题研究、示范项目的实施和各地既有建筑改造成果，相继完成了检测鉴定、改造更新、评定验收等改造全过程技术标准。如：《建筑结构加固工程施工质量验收规范》《既有建筑地基基础加固技术规范》《混凝土结构加固设计规范》《砌体结构加固设计规范》《既有居住建筑节能改造技术规程》《既有采暖居住建筑节能改造能效测评方法》《既有建筑绿色改造评价标准》《既有居住建筑节能改造技术规程》等。

（三）开展整治改造

2007年，建设部发布了《关于开展旧住宅区整治改造的指导意见》（建住房〔2007〕109号），主要内容包括环境综合整治、房屋维修养护、配套设施完善、建筑节能及供热采暖设施改造四部分，为各地开展旧住宅区整治改造工作提供了指导性文件。各地根据具体情况开展了老旧住宅区的整治改造工作，取得了很大的成效。

1. 实践成果。各地因地制宜对老旧小区开展了整治改造工作。有的城市给老旧小区住房“穿衣戴帽”，屋顶平改坡，外墙增加保温层并进行清理粉饰，更换节能窗，开展节能改造；有的开展环境综合整治，拆除违建、整修道路、增辟绿地、治理环境卫生；有的开展成套改造，增加厨房和卫生间，健全市政公用设施，更新改造老旧管线；也有少数城市对1980年前建成的老旧房屋开展了抗震加固工作。总体上看，大部分城市的整治改造重点，是群众反映较为强烈、资金需求相对较少、改造效果较为显著的环境综合整治和房屋维修养护。截至2014年，实施了不同程度改造或已列入改造计划的小区数量共3.8万个，1400多万套住房，累计改造面积10.7亿m^2，总投资约1383亿元。

2. 存在问题。老旧小区改造过程中仍然存在不少问题，亟须加强顶层设计和统筹协调。**一是地区间不平衡**。总体上看，东部沿海地区财政实力较强的城市此项工作推进得较好，但中西部财政实力较弱的城市无力进行大规模改造。东部沿海地区，已改造的小区总建筑面积60410.8万m^2，中西部地区，已改造的小区总建筑面积 41821.9 万 m^2。**二是多为局部改造**。由于老旧小区历史欠账多，改造内容复杂头绪多，即使是东部沿海城市，也只是根据财力和改造难度选择性地进行局部改造，抗震加固、加装电梯、建筑节能、地下管网改造等内容涉及较少。**三是缺乏整体统筹**。地方各部门与老旧小区改造相关的资金和改造任务没有得到整体统筹，出现了多头改造、分头改造、重复施工的现象。**四是未建立长效管理机制**。很多老旧小区改造后没有有效的管理措施，效果无法保持，容易再度陷入混乱困境。

3. 经验做法。不少地方在实践中，探索了很多卓有成效的做法。**一是建立健全机构和工作机制**。各城市普遍组建市区两级指挥机构开展组织协调，建立考核机制，逐级明确各级政府和主管部门对老旧小区整治改造的责任。**二是明确改造政策和标准**。各地出台了大量的政策措施和技术标准规范，发布改造目标与计划任务，确定改造内容与标准，建立质量控制机制。**三是探索多元化的融资方式**。在政府出资为主的基础上，或从国开行、世界银行等寻求无息、贴息贷款，或从土地出让收入中提取专门基金。还有城市对市场化运作进行了有益探索，在有条件的改造项目中适当增加建筑面积，以平衡改造费用。**四是充分调动居民积极性**。不少老旧小区居民寄希望于征地拆迁，对改造的积极性不高，也不愿出钱。不少地方充分发扬民主，“改不改问情于民、改什么问需于民、怎么改问计于民、改得好不好问绩于民”，有效化解整治改造过程中的难点问题。

三、既有居住建筑改造的发展

随着 2020 年全面建成小康社会，实现“住有所居”目标的临近，既有居住建筑改造更新的工程量巨大、任务繁重。

（一）住房和城乡建设领域重点工作

习近平总书记指出，人民对美好生活的向往，就是我们的奋斗目标。既有居住建筑的改造更新，首先是一项**重要的民生工程**。推进既有居住建筑改造更新，有利于改善人居环境和居住条件，有利于提升城市形象和城市品质，有利于增强群众的获得感和幸福指数。其次是一项**重要的稳增长工程**。这项工程所需资金预计达数万亿元，有利于拉动投资，化解钢铁、水泥、玻璃等行业的过剩产能，有利于扩大内需，刺激建材、家具、家电的消费，还有利于带动就业，多方面形成对实体经济的有效拉动。这也是一项城市修复的重要内容。通过老旧居住小区的有机更新，可以避免城市的大拆大建，修补城市原有的肌理结构和文脉，改善居民人居环境，提升居住质量，有效控制增量，盘活存量，促进城市的有机更新和集约发展。借鉴西方发达国家城市住宅建设从大规模兴建到新建与维修改造并重、再到对旧住宅更新改造为主三个阶段的发展历程，住宅建设的重心将由新建向老旧小区整治改造有机更新转移。既有建筑改造更新将是城乡建设领域一项立足当前、兼顾长远的系统性、综合性重点工作，是全面建成小康社会的重要任务。

（二）工作目标和原则

以改善老旧小区人居环境、提高居民幸福指数、建立长效机制，不断提升老旧小区居住的安全性、便利性和舒适性，明显改善老旧小区居住质量为目标，完成现有老旧小区改造更新任务。

1. 坚持政府主导，社会参与。既有居住建筑改造更新是重要的民生工程，必须坚持政府主导，组织专门力量，制定专项规划，安排专项资金，同时也要注重引入市场机制，多元化筹措资金，调动社会各方力量共同参与。

2. 坚持因地制宜，分类指导。我国幅员辽阔，各地的气候、风俗习惯、住房情况、财政实力等存在较大差异，各地要结合实际、因地制宜确定有机更新的重点内容，针对不同小区量身定制差别化的更新政策，分类实施有机更新。

3. 坚持突出重点，统筹协调。各地要按照“保基本、促提高”的原则，将房屋功能修复、基础设施配套、环境整治和必要的抗震加固作为重点，统筹协调建筑节能、环境配套设施、海绵小区、智慧小区等专项改造工程，形成合力，减少重复建设。

（三）改造内容与资金需求

1. 改造更新的内容。老旧小区有机更新的内容，主要包括房屋功能修复、基础设施配套、环境整治和抗震加固四个方面。其中，房屋功能修复，包括房屋修缮、厨卫改造、建筑节能、无障碍设施改造等；基础设施配套改造包括道路、照明、供水、供热和燃气管网设施、排水设施改造等；环境整治包括拆除违章建筑、停车管理、小区环境清洁、园林绿化提升和小区风貌整治等。

2. 资金需求。由于改造内容和标准不同，各地老旧小区有机更新成本差异较大。经专家组初步测算，预计全国老旧小区有机更新的资金需求为2.8万亿～3.8万亿元（表1）。

老旧小区有机更新所需资金测算 **表1**

<table>
<tr><th colspan="3">改造内容</th><th colspan="2">改造成本（元/m^2）</th><th>改造面积（亿m^2）</th><th>资金需求（亿元）</th></tr>
<tr><td rowspan="4">房屋功能修复</td><td colspan="2">房屋修缮（含厨卫改造）</td><td colspan="2">200</td><td>13.64</td><td>2728</td></tr>
<tr><td colspan="2">建筑节能</td><td colspan="2">300</td><td>19.69</td><td>5907</td></tr>
<tr><td rowspan="2">无障碍设施改造</td><td>加装电梯</td><td>300</td><td rowspan="2">200～500</td><td>4.24</td><td>1272</td></tr>
<tr><td>其他无障碍设施</td><td>200</td><td>22.2</td><td>4440</td></tr>
<tr><td rowspan="5">基础设施配套</td><td colspan="2">道路</td><td>65</td><td rowspan="5">168</td><td rowspan="5">28</td><td rowspan="5">4704</td></tr>
<tr><td colspan="2">照明</td><td>11</td></tr>
<tr><td colspan="2">供热</td><td>26</td></tr>
<tr><td colspan="2">燃气</td><td>11</td></tr>
<tr><td colspan="2">供排水</td><td>55</td></tr>
<tr><td rowspan="4">环境整治</td><td colspan="2">拆违</td><td>7～60</td><td rowspan="4">70～128</td><td rowspan="4">28</td><td rowspan="4">1960～3584</td></tr>
<tr><td colspan="2">停车设施</td><td>50</td></tr>
<tr><td colspan="2">环卫设施</td><td>3</td></tr>
<tr><td colspan="2">园林绿化和小区风貌</td><td>10～15</td></tr>
<tr><td colspan="3">抗震加固</td><td colspan="2">700～1500</td><td>10.42</td><td>7294～15630</td></tr>
<tr><td colspan="3">合计</td><td colspan="2">1638～2796</td><td></td><td>28305～38265</td></tr>
</table>

3. 资金来源。主要有四个方面：**一是财政投入**。这是老旧小区有机更新最主要的资金来源。以地方财政为主，中央财政建立专项补助，在统筹现有光纤入户、棚户区改造、建筑节能改造等专项资金的基础上，增加专项资金，通过以奖代补的方式进行补助。预计中央财政累计需要投入0.9万亿～1.3万亿元，地方财政也要按照1∶1的比例筹集配套资金。为弥补地方财政的资金缺

口，应允许地方人民政府从政策性银行获取专项长期低息贷款，发行地方债，或从土地出让纯收益中提取专项基金等。**二是产权人出资**。属于单位产权的老旧小区住房，应由产权单位筹措部分或绝大部分资金用于小区有机更新。对属于私人产权的老旧小区住房，尽管住宅专项维修资金（可用资金平均为 24 元/m^2）和住房公积金（可提取使用金额不到 3700 亿元）金额有限，也要考虑提取和使用。对于增加的房屋产权面积，应主要由受益人出资。对于增加的共有部分，如电梯，应由共有人共同承担改造成本。**三是相关企业出资**。老旧小区公共部位的水、气、热、电、通信等线路、管网和设备改造费用，在明确产权关系的前提下，可由相关企业承担，政府财政予以一定补贴。**四是社会投资**。一部分有条件的小区，可依靠房地产开发项目、大型基础设施建设项目带动；或规划条件允许的情况下，增加建筑面积、停车设施等，并建立回报机制，以吸引社会投资。

总的来看，应按照“多元筹资、共同负担”的原则，通过政府、产权人、相关企业和市场运作等多个途径来筹措老旧小区有机更新改造的资金。既要充分发挥财政资金的引导作用，又要通过机制创新引入社会投资，尤其是要明确产权人的责任和义务，增强其维修养护的责任和意识。

（四）推进改造更新工作的几个关键要点

一是加强组织领导，建立健全工作机制。老旧小区更新改造工作涉及国土、规划、建设、市政、电力、电信、环保等多部门，协调事务多，工作难度大，必须有强有力的机制保障和相应的政策支持。要高效开展工作必须有相应的组织机构，统一部署、协调、管理更新改造工作，合署办公，提高效率，攻克难点，齐心协力，达成共识，正确引导，形成全社会共同支持、积极参与、密切配合的工作氛围和环境。**二是完善相应政策法规与技术标准**。制定有利于电梯加装、建筑加层、停车设施加建等的经济政策和法律法规。完善老旧小区更新相关的鉴定、设计、施工、验收技术标准和技术指南。**三是明确多样化选择机制**。根据各地不同情况，坚持因地制宜，实施多样化的选择机制。对于结构破损严重、抗震等级满足不了要求的建筑，应列入棚改项目，进行拆除重建。对于具有历史和文化保护价值或局部加固改造可再使用的建筑，可根据抗震加固需求和工程关联性等考虑，实行“1+N”菜单式选择方案。其中 1 为改造必须开展的项目，N 为各地根据实际情况和居民需求，可自行选择的项目。经抗震设防评估鉴定，需开展抗震加固的房屋，按照以抗震加固、房屋修缮、基础设施改造 3 项内容为基础改造内容（即“1”部分），以建筑节能、无障碍改造、环境整治提升为选择性改造内容（即“N”部分）。暂不需抗震加固的房屋，以房屋修缮、基础设施、环境整治提升 3 项内容为基础改造内容（即“1”部分），建筑节能、无障碍改造为选择性改造内容（即“N”部分）。**四是构建长效管理机制**。以更新改造为契机，充分发挥街道、居委会的属地管理职能，大部分老旧小区都要引入物业服务企业，或建立准物业服务机构进行管理。同时，要推进老旧小区道路、水、气、热、照明等市政公用设施管理的市政化。

15 老旧小区改造调研与思考[①]

2018年5～6月，住房和城乡建设部城市建设司组织了老旧小区改造试点城市调研工作，分别赴柳州、长沙、韶关、宜昌、宁波、呼和浩特、淄博、许昌等地进行实地调研。从调研的整体情况看，各试点城市高度重视老旧小区改造工作，都列入市委、市政府年度重点工作，并按照试点工作要求建立了完善的试点工作机制、目标任务和保障措施等，正在有条不紊地开展改造工作，并得到老百姓的极大欢迎。通过此次调研我们更加清醒地认识到，老旧住宅小区改造是解决城市发展不平衡、不充分问题的重要工作，是关乎人民群众居住质量、关乎社会和谐稳定的民生问题，愈来愈成为社会关注的重点和焦点。这也是贯彻落实党的十九大精神，在发展中保障和改善民生，改善老旧小区居民的居住条件和生活品质，满足老旧小区居民日益增长的美好生活需要，提高群众获得感、幸福感、安全感，是人民群众安居乐业、共享改革发展成果的重要举措。

一、老旧小区基本情况

老旧小区主要是针对2000年以前建成，至今仍在居住使用，建设标准不高、使用功能不全、配套设施不齐、年久失修存在安全隐患、缺乏物业服务，不能满足人们正常或较高生活需求的居住小区。从此次调研情况看，老旧小区呈现“大、差、乏、杂”，即数量大、环境差、管理缺乏、人员混杂等四个特点。

① 本文刊登于《住宅科技》2018年第9期。

1. 改造小区数量大。近年来，各地不同程度地开展了老旧小区改造整治工作，但通过实地调研，需要改造整治的居住小区数量依然巨大。如柳州 254 个、韶关 330 个、宜昌 409 个、长沙 560 个、呼和浩特 1755 个、淄博 268 个、许昌 391 个小区亟待改造。长沙市从 2016 年开始，计划到 2018 年全面实施“社区全面提质提档三年行动”，用 3 年时间提质全市所有社区。宁波市开展老旧小区整治工作已经进入第三阶段，第一阶段是 2000～2006 年，对 1996 年以前建成的小区改造 116 个。第二阶段是 2008～2012 年，对 1998 年以前建成的小区改造 214 个。2018 年计划改造 27 个小区。呼和浩特市从 2011 年开始开展老旧小区整治工作，截至 2016 年底，已对 1755 个小区进行了第一阶段改造，主要进行拆除临建违建、硬化地面、建筑物内外粉刷、整修或新建围栏、修缮门房等基础性改造。第二阶段将按照“房屋整体得到维修保养、环境整治效果明显、配套设施相对完善、节能改造得到落实、长效管理落到实处、安保措施落实到位”的标准，开展彻底的整治改造工作，2018 年计划改造 43 个老旧小区。淄博市从 2016 年开始开展老旧小区整治改造工作，2016、2017 年已经完成整治改造项目 178 个，2018 年计划完成整治改造项目 90 个。许昌市自 2012 年开始实施中心城区老旧小区改造工作，市、区级政府先后投资 3580 亿元，对中心城区部分老旧小区进行了整治提升，有效改善了小区面貌。据初步测算，全国既有居住建筑总量 500 多亿 m^2，其中城镇既有居住建筑 290 多亿 m^2，2000 年以前建成的居住小区总面积为 40 多亿 m^2。

2. 居住环境质量差。2000 年以前城镇建成的居住小区基本上是以低租金福利性住房为主，由于当时的经济、技术、体制等方面因素，住宅建设标准较低。不少老旧小区建设时，规划设计较为简单，抗震设防要求较低甚至无要求，配套设施不齐全，功能空间缺失，建筑质量不高，造成先天不足。住宅的功能、性能、环境、设施及工程质量等不能满足全面建成小康社会的要求。**一是房屋破旧，功能缺失，性能不高**。由于房龄长、失修失养，大部分老旧小区住房不同程度地存在着地基沉降、墙体开裂、屋顶和墙面渗水漏水等问题。部分住房不成套，无独立厨房和卫生间。在实行强制节能之前的建筑，基本没有采用节能保温措施，性能差、能耗高。部分老旧小区高层建筑电梯维护保养不到位，故障频发，甚至导致人员伤亡。多层建筑普遍缺少电梯和无障碍设施等，不能满足老龄化社会需求。**二是基础设施配套设施不足，老化失修严重**。由于建设标准低，多数老旧小区电力容量不足，部分缺乏燃气、通信设施。不少老旧小区的电力、通信线路、热、气等管线老化、破损，难以保持稳定供应，消防设备配备不足。道路年久失修、破损严重，机动车和非机动车停车设施严重不足，停车秩序混乱。**三是居住环境质量差，私搭乱建严重**。不少老旧小区电力、电信线随意搭设，排水不畅、雨污混流，公共场地随便占用，滥用滥贴乱堆，有些小区垃圾、化粪池等得不到及时清理。大部分老旧小区私搭乱建普遍，楼道杂物随意堆放，公共部位失修失养。**四是建筑抗震等级低，安全隐患较大**。2000 年以前建成的老旧小区执行的《工业与民用建筑抗震设计规范》TJ 11—78、《建筑抗震设计规范》GBJ 11—89，与现行《建筑抗震设计规范》GB 50011—2010 相比抗震要求较低。由于不同年代设计和施工标准的差异，大部分建筑抗震性能难以满足现行抗震设防要求。1980 年前建成的住房（占比超过 10%）普遍没有抗震设防。

3. 物业管理尚缺乏。老旧小区普遍存在无封闭围墙、无门岗、无电子防盗装置、无路灯照明等问题，安保措施不到位。物业服务等配套用房、文化娱乐和健身设施及养老服务设施普遍配备不足。环境卫生脏乱差，园林绿地较少或处于无人养护状态，大多数小区没有建立房屋维修基金制度和物业管理制度，缺乏小区日常管理和维护保养管理长效机制。

4. 居住群体关系杂。居住在老旧小区的群体复杂，多为退休老职工、拆迁安置户、生活困难户等，低收入、弱势群体居多。房屋产权关系复杂，多数老旧小区主要以工矿企业宿舍、行政事业单位房改房、拆迁安置房等为主。不少老旧小区原产权单位已经破产解散，有的老旧居住小区专有和共有部位的所有权模糊，权责不对等。

二、老旧小区改造工作中存在的困难与问题

由于老旧小区建造年代、建设标准、房屋产权、居住人员结构等原因，为了弥补历史欠账和满足人民日益增长的美好生活需要，对老旧小区改造还存在

技术、资金、机制等诸多困难，主要体现在以下几个方面：

1. 技术标准问题。老旧小区普遍存在建设标准偏低、配套设施落后、抗震等级较低等问题，受条件所限，改造后很难达到现行技术规范要求，存在责任风险。加装电梯涉及占用土地、面积及容积率增加等，机制和权属等问题还亟待解决。

2. 资金筹措难。老旧小区大部分以房改房、企业自管房、城中村改造房为主，基本没有建立物业维修基金制度。尽管各地在资金保障方面取得一些经验，但在实践中，全国各地基本上是以财政出资为主，市场化运作还不成熟。自从试点工作开展以来，尽管积极探索政府、居民共同出资的运作模式，但居民出资数量很少，不到投资的 20%。经济发达地市，像长沙、宁波等地由市区两级财政按照 1∶1 比例出资。广州采用开发权转移、用地性质转换、专项资金（主要来源为土地出让金、国开行低息贷款等）等模式筹措改造资金。面积扩展及楼层加层等市场化运作模式还存在体制、机制、政策等方面的障碍而难以实施。如：面积扩展产权界定，国土、规划的许可等问题。

3. 组织协调难。老旧小区改造工作涉及国土、规划、建设、市政、电力、电信、环保等多部门，协调事务多，工作难度大，尤其是电力、电信、宽带等央企单位，地方很难协调。从调研情况看，老旧小区改造工作多数在建设行政主管部门，要组织协调各主管部门，有较大难度。目前，从全国范围来看，基本上是采取主要领导挂帅、政府部门主导、企业实施的运作模式。北京、上海、天津等地专门成立了以副市长任总指挥、各相关业务委局办等机构组成的指挥部和相应办事机构；广州成立了城市更新局，隶属政府直管机构，专门组织协调老旧小区更新改造工作。

4. 群众工作难。《物权法》第七十六条规定“筹集和使用建筑物及其附属设施的维修基金”和“改建、重建建筑物及其附属设施”“应当经专有部分占建筑物总面积三分之二以上的业主且占总人数三分之二以上业主同意”等。老百姓诉求多、期望值高，甚至还存在福利分房时代遗留的历史问题，都想通过更新改造来解决，给群众工作造成较大阻力。据了解，有些地区的棚户区改造有相应的政策，其中拆一还二的政策，老百姓肯定存在宁拆建不更新、宁蜗居不改善，等待一次性实现极大改善居住环境的期望。同时，拆除违建、整治环境必然触及个别人利益，再加上抗震加固、加装电梯、户内功能更新及户外环境改善会给居民正常生活带来诸多不便，要使三分之二业主同意存在一定难度，如果有少数人阻拦更会加大工作的阻力。

三、老旧小区改造工作的思考与建议

党的十九大指出，打造共建共治共享的社会治理格局。中央城市工作会议指出，实现生活空间宜居适度，加快老旧小区改造。《中共中央　国务院关于进一步加强城市规划建设管理工作的若干意见》（中发〔2016〕6 号）文件提出：有序推进老旧小区综合整治、危房和非成套住房改造，加快配套基础设施建设，切实解决群众住房困难。老旧小区改造，有利于保障和改善民生，提高人民群众幸福感，促进社会和谐发展；有利于控制住房增量、盘活存量，抑制房价过快增长，促进城市集约发展；有利于扩大内需，促进供给侧结构性改革，提升经济增长的质量和数量。开展老旧小区改造工作，是全面建成小康社会、实现“住有所居”的应有之义，是住宅与房地产业转变发展方式、优化经济结构、转换增长动力的必然需要，是城乡建设领域一项立足当前、兼顾长远的系统性、综合性重点工作。要以党的十九大精神、习近平新时代中国特色社会主义思想为指引，将老旧小区改造作为转变城市发展方式、改善人居环境的重大民心工程，以建设宜居城市、改善人居环境、提高生活品质为目标，加快机制创新、管理创新和新技术创新，加强社区治理体系建设，大力推进老旧小区改造工作，打造健康舒适、安全便捷的居住环境和共建共治共享的社会治理格局，促进城市协调和可持续发展。

1. 坚持党建引领、共同缔造的新理念。把基层党组织建设与老旧小区改造组织工作、社区管理与小区管理相结合，加强党的建设贯穿于老旧小区改造及基层社会治理的全过程，充分发挥各级党组织的领导核心作用和党员先锋模范作用，尤其是基层党组织的战斗堡垒作用。坚持“共建共享、共同缔造”的改造新理念，突出“决策共谋、发展共建、建设共管、效果共评、成果共享”，更加注重老旧小区改造与管理的可持续性。“共同缔造”就是要构建“纵向到底、横向到边、协商共治”的治理体系。“纵向到底”就是以区县、街道、社区三个层级为基础，自上而下明确各级政府职能定位，梳理各层次的职能范围与工作重点，简政放权，构筑分工明确、上下联动的治理架构。党组织进社区，发挥政治核心和领导核心作用，成为发动群众、组织群众的骨干力量。让政府的服务走进社区，构建“完整社区”，塑造社会治理基本单元。“横向到边”主要指把个人纳入以党组织为领导的各类组织中来，进行社会治理事务的共同协商和统筹管理。以基层党组织、工青妇团等群团组织、自治组织、社会组织、社区组织等为基础，结合传统基层组织与新型社会组织力量，明确各类组织定位。以党组织为核心，各类组织在其指导下，依据各自所长承担相应的社会治理事务，实现社会治理“人人参与、人人有责”。“协商共治”就是以协商民主的方式方法、制度机制，推进居民的共谋、共建、共管、共评、共享，调动居民群众及社会各方的积极性，引入社区规划师、社区工程师、居民监理团参与老旧小区改造工作，形成“市级筹划指导、区级统筹负责、街道社区实施、居民自治参与”的工作格局，真正发挥居民群众的主体作用。在推进“共同缔造”理念改造老旧小区工作过程中，要转变传统工作的观念意识、角色责任、方式方法、工作思路。政府主管部门是老旧小区改造总体谋划、组织协调和宣传引导者，改什么、怎么改、谁来改应该交给小区居民决策。改变政府大包大揽的观念，由被改与被装、政府主导向要改与要装、政府引导转变；政府的无限责任向有限责任转变；自上而下的工作模式向由群众自发组织申请改造内容的自下而上的模式转变；串联式项目审批的工作方式向办事大厅一站式并联服务转变；重改造轻管理向改造与长效管理并重转变。加强基层党组织建设，发扬群众路线优良传统，紧密依靠基层组织和党员群众，构建强有力的老旧小区改造推进机制，统一部署、协调、管理更新改造工作，齐心协力，正确引导，形成全社会共同支持、积极参与、密切配合的工作氛围和环境。

2. 坚持问题导向、突出重点的新思路。老旧小区改造动员之前首先要排查结构、消防等安全隐患，若存在不可改造的安全隐患小区应纳入棚户区改造项目。对于具有历史文化保护或其他价值的小区，首先要进行结构安全加固、消防设施完善等基础工作。在此基础上因地制宜，突出重点，坚持“先规划后建设、先民生后提升、先功能后景观、先地下后地上”原则，重点解决影响居民基本生活的用水、用电、用气、交通出行及安全隐患等问题。通过楼道修缮、绿化美化等方式对小区环境及建筑物本体进行适度提升。鼓励有条件的小区同步加装电梯。改造内容主要包括市政配套设施、小区环境及配套设施、建筑物本体、公共服务设施等内容，结合建筑节能、海绵小区、垃圾分类、治安防控、无障碍和适老设施等要求，重点改造老旧小区市政配套设施、小区环境、服务设施等公共部分内容。**市政配套设施**。包括小区及邻近周边区域的供水、供电、供气、弱电、市政道路等改造提升项目。**小区环境及配套设施**。一是违章建筑和占用公共空间整治。拆除小区内的违章建筑，清理小区内的乱搭乱建、乱堆乱放等。二是管网整治。更换破损窨井盖，清理、整修化粪池，疏通、维修给水排水管道，改造雨水管网、污水管网。道路排水要充分结合海绵城市要求开展设计施工。三是停车位整治。结合小区公共空间，合理调整绿化和停车布局；对现有的停车设施进行改造整修，划定停车位。四是道路设施改造提升。对小区内破损的道路，结合停车位增划进行道路拓宽，对居民活动场所等进行硬化。五是线路整治。对电信、移动、联通、有线电视、电力等各类管线做到杆管线布局合理、规范捆扎，能入地的统一入地，拆除废弃多余线缆。六是绿化改造提升。对现有的草坪、花灌、乔木进行分类提升，见缝插绿，增加绿量；结合生态停车位改造，适当增加小品。七是安全措施提升。疏通消防通道，增设消防设施；落实“五防”措施，建设安全小区。**建筑物本体及小区风貌**。对小区住宅破损外立面修缮出新，统一风格；对小区楼道清乱、出新，清理小广告，修缮楼道照明、防盗门和对讲系统，增设或修复路灯设施；对小区围墙规整、修缮；增加无障碍设施，有条件的小区可以同步考虑增加电梯等适老设施；对小区周边和内部网点的店面规范提档。**公共服务设施**。配套和完善社区综合服务站、物业办公用房、社区居家养老服务设施，增设体育、文化宣传、休闲、环卫等公共服务设施。

3. 坚持治管并举、长效管理的新原则。加强社区治理体系建设，从改造工作开始建立治管并举、长效管理的工作机制。各街道办事处设立改造及物业管理机构，加强社区工作力量，推进小区改造管理与基层党组织建设、小区管理与社区管理、自治与共治相结合，引导改造小区引入物业服务管理或建立自治管理，健全小区管理制度。创新居民自治管理模式，引导居民合理选择自治管理或物业管理，不断巩固改造成果，推进小区后续管理专业化、常态化。改造小区成立党支部或党小组，组建业主委员会或居民自治小组，培育小区自治管理力量，建立完善居民公约，保障居民自治有序开展。实施市场化物业服务或社区准物业管理，逐步形成“政府负责、部门协调、社区落实”的管理格局。加强宣传指导，建立、归集房屋专项维修资金形成机制。有条件地区可借鉴质量保险机制，为老旧小区后续改造提供资金支持，积极探索老旧小区物业管理的模式。加强小区精神文明建设，组织开展党建活动、文明创建活动等，增强居民的认同感、归属感、获得感。

4. 坚持资金整合、多元筹措的新机制。老旧小区改造应参照棚户区改造的做法，提供贴息贷款或奖补资金支持，以及提供银行低息贷款、国债、经营城市政策等资助。整合统筹针对社区的各方资金，聚焦小区改造。如：民政、体育、妇联等，为老旧小区改造提供资金支持。改造资金来源应按照财政补助、原产权单位分担、专营单位投资、业主适当承担、社会捐助等方式多渠道筹集改造资金。**一是财政资金**。中央应设立专项资金，省（自治区、直辖市）、市各级财政应安排专项配套资金用于老旧小区改造，区级财政按照投入的一定比例对老旧小区改造项目给予奖补，形成从中央到地方的共同筹措资金来源机制。**二是管线单位出资**。水、电、气、热、通信等管线迁改费用按照“谁收益谁投资”的原则，由各管线单位分摊承担。**三是居民出资**。若居民参与改造工作，可依据相关规定计取费用并列入居民出资。居民自筹资金、房改房专项维修资金、小区内公共停车和广告等收益，依法经业主委员会或居民自治小组同意，可用于小区改造和改造后的维护管理。**四是原产权单位出资**。鼓励原产权单位捐资捐物，共同参与改造工作，同时也可接纳社会各界的捐款、捐物等支持老旧小区改造。**五是市场运作**。应按照“多元筹资、共同负担”的原则，通过政府、产权人、相关企业和市场运作等多种途径来筹措老旧小区有机更新改造的资金。既要充分发挥财政资金的引导作用，又要通过机制创新引入社会投资。通过加层增加面积、增加小区商业工程、停车设施、拆除老旧建筑新建建筑等方式筹措资金，也可采用 PPP、合同能源管理等模式等，以及通过发行专项彩票、公募基金、信托等金融手段筹措资金。

5. 坚持因地制宜、分类指导的新标准。各地应根据实际情况制定、完善老旧小区改造相关技术导则、技术指南或技术标准，为施工验收提供技术依据。技术标准制定既要考虑历史遗留问题，又要兼顾现行技术规范的衔接。对于与现行技术规范有差别的分部分项工程，要完善相应的管理保障措施。硬件有瑕疵又不能弥补的问题，通过加强宣传引导和维护运营管理，未雨绸缪、防患于未然。如消防安全问题，现行建筑防火规范要求越来越严，通过加强消防知识宣传和日常安全管理，树立以消为主、以防为辅的防范理念，将火灾发生可能性降低到最低限度，保障人民居住和财产安全。在制定技术标准中，还要考虑新时代城市发展的新要求。如：海绵城市技术、垃圾分类收集技术、电动车充电设施技术、适老化技术、新能源利用技术、智慧管理技术及其他新技术、新材料、新工艺、新设备等，提高老旧小区健康舒适、节能环保、安全耐久、经济实用、耐久美观性能。

16 老旧小区加装电梯存在问题和建议

本文针对温州市老旧小区加装电梯政策存在的问题进行分析和建议。温州市2017年10月由市住房和城乡建设局等10部门出台《关于进一步推进我市既有住宅加装电梯工作的实施意见》，以及2019年12月市住房和城乡建设局会同市财政局制定出台《温州市区既有住宅加装电梯财政资金补助实施方案》。该两项政策实施以来，2019年市区总共加装电梯89台，2020年由于资金补助政策的实施还有所增加，受到市民群众的大大点赞，市区加装电梯数量明显上升。相关政策实施至今，对推进我市社会民生事业，应对人口老龄化做出重要贡献，但仍然存在一些问题。

1. 加装电梯日照专项分析既增加群众负担，又是审批卡脖子的主要政策痛点

根据2017年《关于进一步推进我市既有住宅加装电梯工作的实施意见》第二条第一款："相邻建筑原本已经不满足日照标准的，加装电梯应不降低其日照标准"。在加装审批流程中需要规划部门组织设计联审，审批规划许可，在执行中规划部门往往要求业主先行委托第三方进行日照专项分析。日照专项分析一般需要开支2万元左右，大大增加了群众负担；由于老旧住宅很多房屋前后间距不足，本来日照条件已然较差，加装电梯后会导致日照少量恶化，审批无法通过，成为卡脖子的主要痛点。我市加装电梯需求较大，因日照卡脖子时有发生。

2. 加装电梯财政资金补助实施受惠面有限

一是适用范围限制。该政策适用于鹿城区、龙湾区、瓯海区范围内加装电梯项目，而未将洞头区、市经开区纳入。据调查，该两区老旧住宅加装电梯需求量并不大，但群众呼声较大。

二是加装电梯财政资金补助实施时间较短。要求的期限是 2019 年 1 月 1 日至 2020 年 12 月 31 日，据粗略估计累计需补助电梯约 200 多台，即将面临政策到期，补助政策窗口关闭将对我市加装电梯产生较大消极影响。

为此提出如下建议：

1. 依据上位法取消日照要求，及时对相关政策进行调整，优化审批流程，简政放权

根据住房和城乡建设部 2018 年 12 月批准实施的国家标准《城市居住区规划设计标准》GB 50180—2018 第 4.0.9 条第 2 款："在原设计建筑外增加任何设施不应使得相邻住宅原有日照标准降低，既有住宅建筑进行无障碍改造加装电梯除外"，从立法精神来看，由于加装电梯尺寸很小，对相邻的影响也较小，为了推进无障碍事业，应该予以支持。建议我市根据上位法放松日照要求，调整我市实施意见，取消我市加装电梯规划审批中必须做日照专项分析的做法，为群众减轻负担，简政放权，加大审批力度。建议规划部门对原来卡脖子的加装电梯项目再回头看，积极对接予以审批通过。

2. 加装电梯财政资金补助政策应加大受惠面、延续实施

一是洞头区、市经开区纳入加装电梯财政资金补助政策实施范围。由于该两区老旧住宅加装电梯需求量并不大，纳入范围后并不会增加过多财政负担，但两区群众的获得感将会大大增强。

二是延续加装电梯财政资金补助实施时间，建议 2020 年 12 月 31 日到期再延续两年。考虑到市财政压力较大，建议可以将原每台电梯补助 15 万元改成 10 万元，从而加大受惠面。

17 城镇老旧小区改造工作机制创新①

随着城镇化快速发展，我国城市发展建设模式已经从外延扩张向内涵提质转变，进入对存量提质增效阶段。城市建设将由大拆大建向城市修复与更新转变，住宅建设将由大规模新建向老旧小区综合整治与改造转变。老旧小区改造是转变城市发展方式，塑造城市特色风貌，提升城市环境质量，具有中国特色的城市发展道路。2019 年 7 月 30 日，中共中央政治局召开会议，分析研究当前经济形势，部署下半年经济工作，实施城镇老旧小区改造等新型基础设施建设。2019 年 6 月 19 日召开的国务院常务会议对推进老旧小区改造进行了部署。会议认为，加快城镇老旧小区改造，群众愿望强烈，是重大民生工程和发展工程。老旧住宅小区改造是解决城市发展不平衡、不充分问题的重要工作，关乎人民群众居住质量、关乎社会和谐稳定的民生问题，愈来愈成为社会关注的重点和焦点。这也是贯彻落实党的十九大精神，在发展中保障和改善民生，打造共建共治共享的社会治理格局，改善老旧小区居民的居住条件和生活品质，满足老旧小区居民日益增长的美好生活需要，提高群众获得感、幸福感、安全感，是人民群众安居乐业、共享改革发展成果的重要举措。老旧居住小区改造能够缓解整体拆迁安置成本高的实际困难，更重要的是避免了城市大拆大建，修补了城市原有肌理结构和文脉，改善了居民生活环境，有效控制增量、盘活存量，推动城市发展由外延扩张式向内涵提升式转变，促进城市和谐集约发展。

① 本文刊登于《住宅产业》2020 年第 3 期。

一、城镇老旧小区改造的现状与问题

城镇老旧小区量大面广，据初步测算，全国既有居住建筑总量500多亿 m^2，其中城镇既有居住建筑290多亿 m^2，2000年以前建成居住小区总面积为40多亿 m^2。近年来，在中央有关部门及地方的共同努力下，老旧小区和既有建筑改造工作取得了一定成效，完成了一定规模的改造项目。财政部、住房和城乡建设部自2007年以来组织开展既有建筑节能改造工作，截至2017年底，北方地区完成居住建筑节能改造面积11.8亿 m^2，夏热冬冷地区完成居住建筑节能改造面积7050万 m^2。部分省市开展了多种形式的老旧小区综合改造工作，2017年，住房和城乡建设部在全国范围内选定河北省秦皇岛市等15个老旧小区为改造试点城市，探索老旧小区改造新模式，创造可复制可推广的经验，取得了良好的成效。在改造资金投融资方面，中央财政自2007年开始，就按照50元/m^2 左右的标准，对北方地区既有居住建筑节能改造项目进行资金奖励，按照20元/m^2 的补助标准，对公共建筑节能改造进行补助。2007年至2015年，中央财政累计投入资金457亿元，带动地方财政及社会投入超过3000亿元。尽管近年来老旧小区改造工作取得了不少成绩，但由于工作起步较晚，历史欠账较多，仍存在不少问题。

1. 改造内容碎片化。现有改造模式分散化、碎片化、低质化现象突出。老旧小区改造更新工作缺乏统一系统规划，改造实施部门分散，自扫门前雪，改造内容碎片化现象明显。受资金限制，部分项目改造标准相对较低，改造内容大多为立面粉刷、小区绿化、照明改造等对居民干扰小、成本低的措施，群众改造需求最迫切的节能保温改造、助老设施改造、综合服务设施改造、加装电梯、停车设施等，由于资金需求量大、施工组织复杂、居民协调工作量大等因素，各地在改造中很少涉及，改造供给与需求脱节现象突出。

2. 资金来源单一化。改造资金投入力度不足，融资模式单一。从目前情况看，改造仍以政府财政投入为主，居民的直接出资微乎其微，产权人出资的比例一般不超过5%，居民、社会、政府多方参与老旧小区改造机制尚未形成。由于老旧小区改造缺乏后期稳定收益，难以吸引社会资金参与改造工作。

金融机构对老旧小区改造支持机制尚未形成，老旧小区改造规模化实施运营主体难以介入。老旧小区实施居民以低收入群体为主，承担房屋改造费用的能力非常有限，应整合社会各界力量推动老旧小区改造工作。

3. 政策支持分散化。老旧小区改造涉及部门多，如：节能改造、基础设施完善、城市环境整治、加装电梯、社区综合服务、老幼保健、文教体育、社区治理、专营管线改造、“三供一业”改造等方面都不同程度有些政策支持，但缺乏资源整合，未形成合力。老旧建筑在面积扩容、加装电梯改造、社会综合服务设施及养老抚幼等产生的容积率变化、房屋产权确认等，缺乏明确的政策支持。有关老旧小区改造内容、改造标准、改造程序、资金管理等方面的规定和技术标准尚不完备。住房公积金、住房维修基金等应用改造的政策缺乏研究，缺乏系统性的政策体系支持。

4. 组织工作被动化。目前，老旧小区改造的组织模式基本是自上而下，政府主导、政府组织，居民是处于被改状态。工作流程是：安排计划、了解民意、制定改造方案、征求意见、做群众工作、组织实施等，改造组织工作处于被动状态。由于老旧小区的历史因素，遗留问题较多，居民的诉求和意愿多，很难达成一致意见，组织协调工作耗费时间及精力太大。老旧小区改造的最大受益者是居民，但居民主人感、参与度不够，使得组织实施工作难，甚至会制造新的社会矛盾。

二、城镇老旧小区界定与改造重点

合理确定老旧小区改造对象及改造内容与重点，是统筹规划、合理安排改造工作的依据，对推进城镇老旧小区改造的持续健康发展具有重要意义。

1. 改造对象范围及界限。结合各地老旧小区改造情况来看，各地发展水平存在差异、小区建设基础条件不一，特定时期建设的指导思想和理念、设计、监理、技术和质量等环节存在诸多问题，工程质量参差不齐，单一按年代划分改造界限不能全面包含改造对象。基于以上情况，建议在进一步摸底调查的基础上，按照小区的性能和功能来划分改造范围界限，有针对性地实施改造，更有利于改善老旧小区居民的居住条件和生活品质，同时有利于协调城市整体面貌。城镇老旧小区界定为：住宅小区性能不高、功能不全、配套缺失、设施缺损、环境脏乱、年久失修、缺乏物业长效管理，不能满足人们正常或较高需求的居住小区（重点是2000年前建成的小区，优先将房改房小区、公房小区纳入改造范围）。

2. 老旧小区改造主要内容范围。老旧小区改造内容包括小区市政配套基础设施改造提升、小区环境及配套设施改造提升、建筑物本体及附属设施修缮、社会服务设施的配套建设等。按照居住区功能属性将老旧小区改造更新的内容划分为：安全适用工程、配套设施工程、健康节能工程、环境美化工程、空间改造工程、运维管理工程、功能提升工程、适老宜居工程、功能增值工程等九大工程。按照轻重缓急、难易程度划分为：民生工程、提升工程和配增工程三类（图1）。

(1) 民生工程。**一是安全适用工程**。清理楼宇间和楼道内乱堆杂物，疏通小区消防通道，完善或增设消防设施（表1）。**二是配套设施工程**。对小区及邻

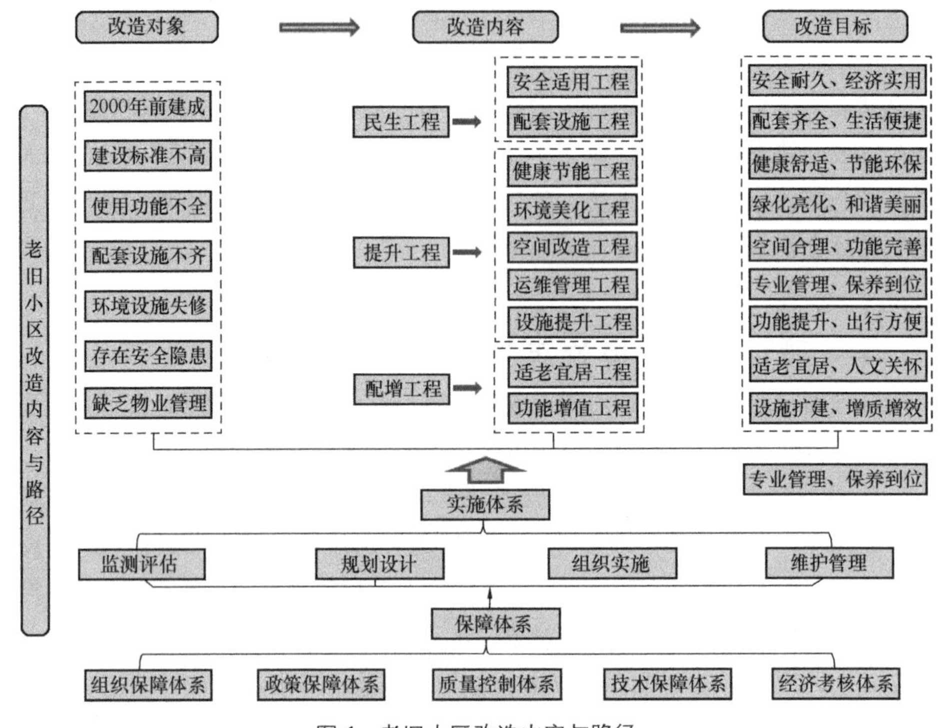

图1　老旧小区改造内容与路径

民生工程项目建设标准分类表 **表 1**

<table>
<tr><th>类别</th><th>序号</th><th>项目名称</th><th colspan="2">内 容</th><th>标准</th></tr>
<tr><td rowspan="5">一、安全适用工程</td><td rowspan="3">1</td><td rowspan="3">结构局部构件加固</td><td colspan="2">建筑楼体地基基础局部加固</td><td rowspan="3">符合相关标准规范</td></tr>
<tr><td colspan="2">建筑楼体墙体局部加固</td></tr>
<tr><td colspan="2">建筑楼体其他构配件加固</td></tr>
<tr><td rowspan="2">2</td><td rowspan="2">防火更新</td><td colspan="2">清除消防通道堆放堵塞垃圾</td><td>保持消防逃生通道顺畅</td></tr>
<tr><td colspan="2">修缮完善主街道消防栓；更换、增设消防设施设备；住宅的公共部位宜设置消防软管卷盘</td><td>消防设施设备完善，布设合理</td></tr>
<tr><td rowspan="5">二、配套设施工程</td><td rowspan="5">3</td><td rowspan="5">市政配套设施</td><td>供水</td><td>小区内未通自来水的要接入城市供水管网，实行“一户一表”，抄表到户，并确保水压保证顶层使用</td><td>“一户一表”，抄表到户，水压稳定</td></tr>
<tr><td>供电</td><td>更新改造小区内供电管网老化，实行“一户一表”抄表到户，同时，对于项目设计供电容量不足的，进行增容改造，确保供电管网全覆盖，保障电力供应</td><td>“一户一表”，抄表到户，电压稳定</td></tr>
<tr><td>供气</td><td>未通管道燃气的小区建设天然气管道（线）</td><td>管道燃气进户</td></tr>
<tr><td>弱电</td><td>建设集中通信管线，光电、电信、移动、联通等通信线路统一走管，对原有明线进行拆除</td><td>通信服务内容齐全，管线统一建设，统一使用，隐蔽走线，不走明线</td></tr>
<tr><td>市政道路</td><td>对小区范围外市政道路进行敷设、修缮</td><td>确保道路平整、通畅</td></tr>
</table>

续表

类别	序号	项目名称	内 容	标准
二、配套设施工程	4	活动设施	因地制宜增加活动场地和设施	提升活动空间
			室外增设休息座椅	
			完善休闲健身、儿童娱乐设施	
	5	基础服务设施	对原有垃圾房、垃圾池进行拆除，更换成封闭式垃圾桶、垃圾箱等	垃圾桶、垃圾箱规格一致，外观整洁，分类归集，分布合理
			对路灯等小区公共照明设施进行更换、维修或增设	照明设施完好，布设合理，根据需要实施照明节能改造
			完善广告牌位及文化宣传栏，增设引导标识等	外观整齐，布局合理
			修缮或增设非机动车棚	规划合理
			结合小区实际，对围墙、小区大门修缮、改造或增设	实现项目封闭式管理
	6	建筑本体设施更新	修缮雨篷、晾晒设施、散水等建筑构配件	合理规划布局
			对楼栋门进行修缮或更换	楼栋门整齐完好
			对楼道等公共照明设施进行更换、维修或增设	照明设施完好，布设合理
	7	海绵技术设施	对雨污管网重新规划设计，屋面雨水引入周边绿地等海绵设施，布设雨水管网和污水管网，有必要时，对化粪池进行改造或重建	雨污分流，符合海绵城市要求，实现初期雨水净化

近周边区域的供水、供电、供气、弱电、市政道路等改造提升；增设小区户外休息、健身、娱乐、文化宣传等设施；完善小区照明、垃圾分类收集、海绵技术应用等系统；更换破损窨井盖，清理、整修化粪池，修缮雨篷，维修疏通给水排水管道，改造雨水管网、污水管网。

（2）提升工程。**一是健康节能工程**。围护结构改造，对外墙、屋面、门窗等保温改造及外立面整治；室内采暖系统改造，供热计量及室温调控系统改造；室外供热系统改造，热源（热力站）及供热管网热平衡改造。**二是环境美化工程**。对现有的草坪、花灌、乔木进行分类提升，见缝插绿，增加绿量；硬化路面，结合生态停车位改造，适当增加小品，健全小区交通系统；拆除小区内的违章建筑，清理小区内的乱搭乱建、乱堆乱放、菜地等；架空线路整治，对电信、移动、联通、有线电视、电力等各类管线做到杆管线布局合理、规范捆扎，能入地的统一入地，拆除废弃多余线缆。**三是空间改造工程**。对居住空间不成套的老旧房屋进行空间成套改造，实现卧室、起居室、厨房、卫生间配套空间齐全，功能完善。**四是运维管理工程**。完善小区门禁系统、增设小区门卫值班室、维修或安装楼宇单元防盗门和对讲系统；有条件可搭建物联网维护管理信息平台。**五是设施提升工程**。住区主要道路、出入口及单元出入口实现无障碍；增设楼道及其他公共空间扶手；加装电梯和增加停车设施（立体或地下停车库、停车场等）参见表2。

提升工程项目建设标准分类表 **表2**

类别	序号	项目名称	内 容	标准
一、健康节能工程	1	外围护结构	外墙保温、隔热、防火、防水处理	设计合理，符合相关规范要求
			屋面隔热防水处理	
	2	室内采暖系统	安装分户热计量	实现分户热计量
	3	可再生能源利用	太阳能的利用	规划合理，结合实际节能改造
			地源热泵利用	
	4	被动房改造	新风热交换	高气密性，隔热，实现新风热交换
			被动式门窗、楼宇门更换	

续表

类别	序号	项目名称	内 容	标准
二、环境美化工程	5	小区道路更新	对小区内道路进行修复或增建，对居民活动场所进行硬化	道路平整无破损
			对规划停车设施被改变用途的，先进行整治，恢复停车功能；合理规划、设置小区内交通标识、道闸等	改善停车管理，做到不堵车，出行方便
	6	楼栋环境更新	外立面破损明显并有较大安全隐患的，进行修缮翻新。补齐小区楼牌、门牌	外立面无明显破损，整洁无污渍
			对楼道重新粉刷，清理小广告，对楼梯扶手进行修缮、更新	楼道墙面整洁，楼梯、扶手无破损
			对楼道供电、通信、有线电视等各种线路进行规整、穿管	各种管线布线合理，整齐
	7	绿地和景观更新	对原有绿地或空地进行规划设计，绿化、美化环境	绿量平衡，整洁美观，以实用性为主
			增设小区景观小品	设计新颖、有内涵
	8	综合环境整治	拆除小区内违章建筑	符合规划设计要求
三、空间改造工程	9	居住空间	居住空间成套及功能合理	实现卧室、起居室、厨房、卫生间配套空间齐全，功能完善
四、运维管理工程	10	安全防范	安装小区视频监控系统	保证小区公共区域无监控盲点
			完善小区门禁系统，增设小区汽车智能挡车管理系统	系统智能灵敏，符合设计要求
			增设小区门卫值班室	形体、材料、色调与小区整体协调
			维修或安装单元防盗门和对讲系统	保证每户对讲通畅
	11	信息网络管理	物业管理服务平台	满足服务需求

续表

类别	序号	项目名称	内容	标准
五、设施提升工程	12	无障碍设施	对楼道和小区出入口进行无障碍宽度及坡道改造	设计合理，符合相关规范的技术要求
			修缮加装或完善适老扶手、照明等设施	
	13	加装电梯	有条件的地方开展加装电梯	按照各地相关规定进行建设
	14	立体停车库	有条件地区根据现场条件及需要增加立体停车库（场）	满足建设要求

（3）配增工程。**一是适老宜居工程**。居住区内增补老人活动场地；养老活动中心、医疗保健用房、公共活动用房、老年人日间照料用房等养老服务设施（表3）。**二是配套设施功能增值工程**。抚幼设施、医疗设施、便民设施、文化设施、社区管理用房等（表3）。

配增工程项目建设标准分类表 **表3**

类别	序号	项目名称	内容	标准
一、适老宜居工程	1	适老设施	修缮或增加老人活动场地	设计合理，符合相关规范技术要求
			增设无障碍停车设施	
	2	养老服务设施	养老活动中心、医疗保健用房、公共活动用房、老年人日间照料用房等	设计合理，形态与色调与周边环境协调
二、配套设施功能增值工程	3	增值设施	幼儿园、婴幼儿托育、儿童活动设施等	配增服务设施，提高居民生活质量
			便民设施（医疗保健便民超市、助餐、保洁、快递驿站等）	
			文化设施（便民服务公示栏、文化宣传栏、信息栏）	
			地下空间开发再利用；扩建加层改造等；社区管理用房	设计合理，符合规划要求

3. 改造重点与目标。改造更新的内容应坚持“先民生、后提升、再配增”的原则，从问题出发，顺应群众期盼，满足居民安全需求和基本生活需求。民生工程以完善老旧小区配套设施为切入点，通过实施供水、供电、供气、供热、弱电、道路等改造提升项目，重点解决居民用水、用电、用气等问题；通过对建筑物屋面、外墙、楼梯间等公共部位维修，提升建筑物本体附属设施功能；通过拆除违建和环境治理，提升照明、安防、消防、绿化、生活垃圾分类、无障碍等小区环境及配套设施水平。提升工程应以满足居民改善型生活需求和生活便利性需要的改造内容为重点，通过对建筑物建筑节能、环境美化、智能管理、空间及户内设施改造及文化体育等配套设施的提升与完善，有条件的可加装电梯和增建停车库（场）等，提高居住的功能性和舒适性。配增工程应以社区为单位统筹规划实施，推进相邻小区及周边地区联动改造，实现片区服务设施、公共空间共建共享，促进存量资源整合利用。通过对九大类功能的改造，确保实现安全耐久、经济实用，配套齐全、生活便捷，健康舒适、节能环保，绿化亮化、和谐美丽，空间合理、功能完善，专业管理、保养到位，功能提升、出行方便，适老宜居、人文关怀，设施扩建、提质增效的居住小区，使老旧小区居民增加六大获得感（图 2）。

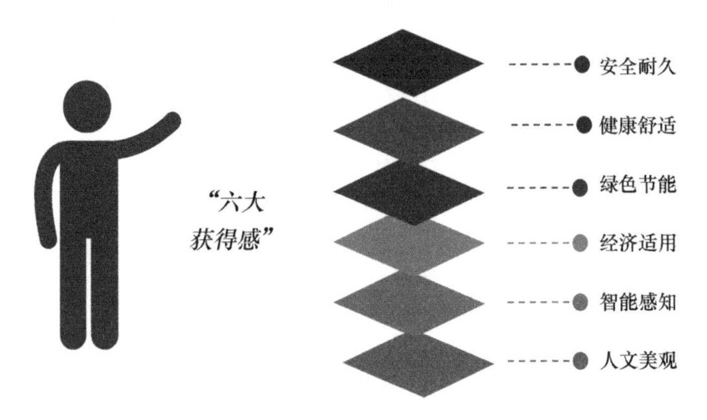

图 2　老旧小区改造“六大获得感”

三、建立完善城镇老旧小区改造新机制

老旧小区改造是民生、民心工程，也是发展工程，还是构建共建共治共享的社会治理格局的重要抓手，是城市有机更新、社区治理、改善人居环境工作的有效切入点。新时期老旧小区改造工作要突破传统工作模式，创新工作机制，完善经济政策，把老旧小区改造工作与基层组织建设、老旧小区管理与社区治理相结合，调动居民、企业、社会专营机构和市场等各方面共同参与，建立共建共治共享的老旧小区改造新机制。

1. 建立统筹协调机制。老旧小区改造涉及部门多、行业多，需要各部门统筹规划、统一部署、共同推进，建立城镇老旧小区改造工作统筹协调机制，才能保障老旧小区改造工程顺利实施。明确政府、社会单位、居民在城镇老旧小区改造领导决策中的责任及权利，建立完善多方主体参与的工作机制。**一是建立城镇老旧小区改造决策统筹协调推进工作机制**。各级党委和政府应成立城镇老旧小区改造决策统筹协调推进工作领导小组，以统筹规划、统一协调城镇老旧小区改造工作，制定城镇老旧小区改造工作相关政策文件，指导各级政府相关部门开展城镇老旧小区改造工作。按照属地管理原则建立城镇老旧小区改造工作决策统筹协调推进机制，明确相应牵头部门和成员单位，细化责任分工，制定工作方案，落实责任到人；规划部署该区内城镇老旧小区改造工作，建立资金投入、巡查监管、考核奖惩机制，监督、保障改造工作的实施；统筹组织职能部门落实上级的工作要求，积极开展改造工作内容。**二是建立居民自治组织、形成自主决策治理机制**。鼓励居民自主决策，转换居民身份，让居民成为改造决策者，决定城镇老旧小区改造与否、改什么、怎么改。居民通过自主决策的方式自下而上提出改造申请，政府通过财政资金、金融政策及以奖代补等政策予以支持，并通过简化工作流程、加强过程指导等方式促进改造工作。同时居民作为老旧小区的主人，是改造工作的最大受益者，考虑政府全部出资的困难性，为保障改造稳定的资金支持，按照“谁受益谁出资”原则，引导居民出资。**三是建立支持和鼓励社会单位以多种形式参与机制**。鼓励社会力量以多种形式参与城镇老旧小区改造工作。如：政策银行优惠贷款、行业政策

优惠等，鼓励各类相关企业参与改造过程，以低于市场价格提供服务。推广“社区规划设计师”制度，发挥专业人员作用，降低改造成本。

2. 建立群众共建机制。实施老旧小区改造困难重重，诸如达成共识难、资金筹集难、拆除违建难、管线迁改难、统一标准难、本体改造难、加装电梯难、小区停车难、配套服务难和长效管理难等，归纳起来，就是要解决好人心问题、资金问题和方法问题。为此，**“共同缔造”**是开展好这项工作的切入点和总抓手。共同缔造就是要突出党建引领作用，发挥基层党组织的战斗堡垒作用和党员干部的模范带头作用，充分调动社会各界参与老旧小区改造的积极性、主动性和创造性。把基层党组织建设与老旧小区改造组织工作、社区管理与小区管理相结合，加强党的建设贯穿于老旧小区改造及基层社会治理的全过程，充分发挥各级党组织的领导核心作用和党员先锋模范作用。坚持“共建共享、共同缔造”的改造新理念，突出“决策共谋、发展共建、建设共管、效果共评、成果共享”，更加注重老旧小区改造与管理的可持续性。

推进共同缔造理念，转变观念意识，调动各方积极性。在老旧小区改造工作过程中，要改变传统工作定位、角色责任、方式方法、工作思路。改变政府大包大揽的观念，主管部门是老旧小区改造总体管理协调、宣传引导者，如何改造、改什么应该交给小区居民决策，改变由过去被改与被装向要改与要装转变；把政府的无限责任改变为有限责任；工作方法上，由居民自发住宅提出改造申请，主管部门审核并对符合条件的统筹安排，改变传统自上而下的工作模式；在建设管上，精简办事程序，提高服务质量和工作效率，加强改造后长效管理；在组织工作上，发扬群众路线优良传统紧密依靠基层组织和党员群众，加强基层党组织和群众组织建设，构建统一部署、齐心协力，广泛参与、密切配合的老旧小区改造推进机制和工作氛围。

3. 建立资金共担机制。老旧小区改造，涉及范围广，需要改造的内容项目多，改造所需的资金量大，特别对于小区基础市政配套改造、小区服务配套改造，单靠某一方出资都不能满足改造资金的需求，政府、居民、产权单位应该根据实际情况按照“政府补贴、居民主导、产权单位分担”的原则，实行责任分担。老旧小区改造，最终受益的是居民，改善了居民居住环境，提高了居民生活品质，按照“谁受益谁出资”的原则，正确引导居民、产权单位、管线单位积极主动参与小区改造提升，多方筹集资金。对于涉及房屋主体改造、小区内部环境改造、小区加装电梯等，根据居民改造的意愿应由居民出资为主。老旧小区改造面临“事多钱少”的局面，亟须突破“等、靠、要”的旧有资金筹措观念，形成政府财政和固定资产投资、责任企业（产权）单位投入资金、个人和社会投入资金等多方并举的资金筹措方式。

4. 探索投融资体制机制。在不增加地方政府隐性债务，保持本地区房地产市场平稳健康发展的前提下，探索金融机构以可持续方式加大对老旧小区改造的金融支持。通过发行地方政府专项债券支持符合条件的改造项目。鼓励国家政策性银行出台老旧小区改造专项低息贷款。鼓励和培养大型企业作为城镇老旧小区改造规模化运营主体，通过改造提升、增建设施、运营管理等方式为金融机构提供清晰明确的支持对象。

5. 探索社会力量市场化运作机制。老旧小区改造应坚持“业主主体、社区主导、政府引导、市场运作”的原则及“谁投资、谁受益”的原则，吸纳社会力量参与，为城镇老旧小区合改造提供多元化的资金来源。一是通过设施有偿使用、资产经营收益等方式，吸引专业机构、社会资本参与医疗保健、养老、抚幼、助餐、家政、保洁、便民市场、便利店、文体等服务设施的改造和运营。二是鼓励吸引社会资本参与存量资源整合利用，建设停车库（厂）、服务设施等。图3、图4为北京清河毛纺厂住区市场化运作立体停车库及加装电梯。三是放宽市场准入，对于各类所有制企业一视同仁，通过特许经营、PPP、ROT、BOT等政企合作模式，引入改造实施单位，营造公平市场环境。四是推行一体化改造，实施规划设计、施工投资、运营管理一体化模式，做到整体性设计、专业性改造和规范性运营一体化推进。

图 3　北京清河毛纺厂住区市场化运作立体停车库

图 4　北京清河毛纺厂住区市场化运作加装电梯

18 老旧小区改造资金需求及来源研究[①]

老旧小区是指住宅小区性能不高、功能不全、配套缺失、设施缺损、环境脏乱、年久失修、缺乏物业长效管理，不能满足人们正常或较高需求的居住小区（重点是2000年前建成的小区，优先将房改房小区、公房小区纳入改造范围）。2000年以前建成的居住小区基本上是以低租金福利性住房为主，由于当时的经济、技术、体制等方面因素，住宅建设标准较低，住宅的功能、性能、环境、设施及工程质量等不能满足全面建成小康社会的要求。从全国范围来看，老旧居住小区大多建设年代较早，维修修缮欠账多，且未建立专项住房维修资金或已建立的维修基金尚不能满足改造的巨大需求。要高质、高效开展老旧居住小区改造工作，资金是基本支撑和保障，也是开展工作首要解决的重要课题。

一、资金需求测算

全国老旧小区存量巨大，据初步测算，2000年以前建成的居住小区总面积为65亿m^2左右。由于历史遗留问题多、改造内容复杂、改造难度大，所需资金投入较大。

（一）资金测算方法

测算拟采用经验估算法和指标估算法。经验估算根据部分地区改造的内容

① 本文刊登于《住宅产业》2020年第5期。

及成本进行测算，对全国部分地区老旧小区改造调研材料梳理汇总（表1）。指标估算是根据居住小区的功能构成及各分部分项工程的成本估算指标进行测算（表2）。

1. 经验估算法。根据各地区实际情况不同，改造内容和标准不同，资金总量测算难度大、准确性差。就目前全国31个省、自治区和直辖市提供的老旧小区改造工作材料来看，所需资金差异较大。如郑州市改造疏通下水管道，整修路面，维修、增设路灯，增加绿化面积，合理设置非机动车库（棚），拆除小区违章建筑物等工程，所需资金15.15元/m^2；湖北省对老旧小区进行道路翻修、供排水管网改造、环境绿化美化、增设停车位等，所需资金2679元/m^2；北京市抗震节能综合改造最高按4000元/m^2，节能改造按500元/m^{2}给予补助。

根据国内部分地区开展的老旧小区改造成本估算，若开展抗震加固、建筑节能改造、住宅功能改造、环境综合整治、基础设施改造提升等综合改造，改造直接成本约在4000元/m^{2}左右。若只做简单环境整治（屋面改造、外墙粉刷、绿化环境简单治理等）约需300元/m^{2}左右（如上海）。若除去抗震加固、加装电梯、立体停车库等项目外，实现更新改造约需1000元/m^{2}左右（结合天津120元/m^2、青海500元/m^2、上海220元/m^{2}改造内容及成本）。

2. 指标估算法。按照老旧小区改造的内容，对改造的关键技术进行分解，对每项技术应用成本进行估算。关于投资估算总量的确定，可根据不同的改造更新内容，用总改造建筑面积与单价相乘汇总而得。有关估算指标说明如下：

（1）建筑结构加固。以北京地区8度设防为基准，直接费用为1500～1800元/m^2，不含装修费用（北京造价管理处提供）。非抗震地区按30%折减。

（2）节能改造。各气候区域改造成本差别不大，约为300元/m^2。成本差别不大的原因在于：外围护节能构造节能措施成本基本一致，北方地区重在保温，南方地区重在隔热；南方地区有遮阳，北方地区有供热计量与控制。指标中不含可再生能源利用成本。

（3）电梯改造。指标仅指多层加装电梯费用。按一部电梯设备、结构及加装费用30万，单元面积180m^2，6层住宅计算，折合277元/m^2。高层电梯更新费用成本按电梯服务面积计算，费用相对较低。

(4) 居住功能改善。包括户内所有功能及水电气等设施改造。

(5) 道路更新。单方成本300～500元是道路面积。小区建筑面积÷1.8×13%×单方造价＝每平方米造价。1.8为容积率，13%为道路与居住用地比，折合30元/m²。

(6) 停车设施。仅指立体机械停车费用。建筑面积÷90×10%×单方成本。90指户型面积，10%是规范要求最低停车率，折合160元/m²。

(7) 适老化设施。包括室外无障碍通道、增加适应养老的配套设施及用房。

根据表2指标测算，**一是建筑住栋改造**，含抗震加固2000元/m²、节能改造300元/m²、加装电梯300元/m²、功能改善200元/m²，合计2800元/m²。**二是小区环境改造**，含道路更新30元/m²、停车设施160元/m²、绿化复植100元/m²、适老化设施10元/m²、海绵小区50元/m²、标识标志2元/m²，合计352元/m²。**三是配套设施改造**，含小区给水排水30元/m²、供热燃气36元/m²、供电60元/m²、智慧小区设施50元/m²、生活垃圾处理设施5元/m²、活动设施4元/m²，合计185元/m²。如果按照附表2内容全面更新改造，总直接费用约3300元/m²，加不可预见费用约需4000元/m²。如除去结构加固、加装电梯、立体停车库费用等约需1000元/m²。

（二）资金总需求

根据经验估算法和指标估算法测算的结果来看，老旧小区改造的资金测算结果基本一致。资金总需求测算要根据老旧小区建设年代、所处地理区域及老损程度来确定改造内容，根据改造内容来确定投资需求。依据测算结果及不同改造内容，资金总需求如下：

1. 全面综合整治。全国老旧小区按65亿m²计算，其中无抗震设防住宅面积为9.1亿m²、未达到节能50%标准住宅17.2亿m²、未成套住宅1.7亿m²。按照表2内容对老旧小区全面有机更新，单方成本约为4000元/m²，总资金需求为65×4000＝26（万亿元）。不需要抗震加固（65－9.1）×2000＝11.18（万亿元），不需要节能改造（65－17.2）×300＝1.43（万亿元）。合计总资金需求为26－11.18－1.43＝13.39（万亿元）。

2. 部分整治。按照附表 2 内容，除去结构加固、加装电梯、立体停车库等部分更新整治，单方成本约为 1000 元/m^2。总资金需求为 65×1000＝6.5（万亿元）。

3. 环境全面整治。包括室外环境改造、配套设施改造、建筑立面改造，单方成本约为 550 元/m^2，总资金需求为 65×550＝3.58（万亿元）。

根据以上测算，全国老旧小区改造根据改造内容的不同，所需资金在 3 万亿～14万亿元。

二、资金筹措来源

老旧小区改造，涉及范围广，需要改造的内容项目多，改造所需的资金量大，特别对于小区基础市政配套改造、小区服务配套改造，单靠某一方出资都不能满足改造资金的需求。政府、居民、产权单位应根据实际情况按照“政府补贴、居民主导、产权单位分担”的原则，实行责任分担。老旧小区改造，最终受益者是居民，应按照“谁受益谁出资”的原则，正确引导居民、产权单位积极主动参与小区改造提升，多方筹集资金。对于涉及房屋主体改造、小区内部环境改造、小区加装电梯等，根据居民改造的意愿应由居民出资为主。同时，通过市场化手段，多渠道、多方法吸引社会资本参与和推动。改造资金总体分担原则是：民生工程改造内容原则上以财政出资为主，提升工程改造内容以居民出资、原产权单位出资和市场化筹资为主，配增工程改造内容以社会资本市场化运作为主。根据各地区老旧居住小区改造工作经验，资金来源大体可包括财政补贴、社会筹措、住户个人出资等方面。

（一）居民出资

居民出资部分可通过直接出资、使用（补交）住宅专项维修资金、让渡小区公共收益等多方式落实。允许居民提取个人公积金，用于所居住小区的改造及同步进行户内装修。鼓励居民通过个人捐资捐物、投工投劳等志愿服务形式支持改造。如：浙江省宁波市出台政策，改造所需资金由小区居民、相关企业、政府补助等方式筹措。其中：居民出资部分可包括但不限于物业专项维修资金（含物业管理专项资金、房改房维修资金）、共有部位及共有设施设备征收补偿、经营收益、赔偿等资金。对于基础类公共设施改造等方面，居民的出资占比不会很大，居民的出资主要是表明一种态度和责任，重在引导居民群众参与，体现“共同缔造”的理念。

（二）财政资金

小区红线外配套设施改造费用原则上由财政承担；小区范围内公共部分的改造费用由政府、管线单位、原产权单位、居民等共同出资；建筑物本体的改造费用以居民出资为主，财政对民生工程和提升工程类分别以一定比例以奖代补。如：杭州市对于老旧小区改造中垃圾分类、无障碍设施、体育健身器材、社区阳光老人家等涉及的相关对口单位分别给予相应的补贴。

（三）管线单位

老旧小区内的管线单位包括供水、供电、燃气、供暖、移动、电信、联通、电视等多家单位，由于建设年代久远，存在很多架空管线和空中飞线等现象。有效规整架空管线、实行管线上改下是老旧小区改造中的必要环节，根据“谁受益谁投资”的原则，其涉及的改造资金应该由各产权单位分担。如：宜昌市明确管线单位同步参与改造，改造完工后5年内不得再破土施工，同时明确，供水、燃气、电力等管线迁改费用由各管线产权单位承担，区财政以奖代补20%；明确弱电原则上须采用全共享（两项强标）方式进行改造（条件不具备的，可采用桥架方式），进入小区后的共同管道的建设费用、组网费用及公共光交箱至楼道分缆箱之间的户线材料费用，由财政承担，其余部分费用由管线产权单位分摊承担。宜昌广电同步实施管线迁改，区财政以奖代补20%。

（四）产权单位

老旧小区内涉及的产权单位较多，在老旧小区改造中，部分产权单位可以采取相应补贴的形式增加资金筹措渠道，以缓解政府单方投资压力。对于政府资金支持外的改造项目，如果产权单位有条件、有需求可投入资金改造，可分别利用财政投资、售房款、住宅专项维修资金、责任企业资金和社会投资等多种渠道。

（五）社会资本

积极培育城镇老旧小区改造规模化运营主体，探索金融机构对老旧小区改造的金融支持。鼓励国家开发银行、农业开发银行等政策性银行出台专项低息贷款，给予支持老旧小区的改造和参与老旧小区运维的社会资本用水、用电、用气、税收优惠及土地设施租金减免等配套优惠政策；鼓励探索项目融资模式。合理拓展改造实施单元，推进相邻小区及周边地区联动改造；探索以多种形式吸引社会资本投资参与加装电梯、停车场（库）及养老、抚幼、医疗、助餐、家政保洁、快递、便民市场、便利店等服务设施的改造建设和运营。

三、资金来源保障

老旧小区的改造工作应坚持政府主导、市场协同、统筹实施的原则，营造全社会关注、关心老旧小区改造工作的良好市场氛围，促进改造工作的持续健康发展。

（一）整合资金

应将分散于各个部门有关居住区改造方面的资金进行系统整合，使有限的资金发挥最大化的经济社会效益。如：棚户区改造、既有建筑节能改造、危旧房改造、无障碍及老龄化设施改造等。

（二）财政资金

财政资金筹措应从城市建设税、城镇公用事业附加费、城市基础设施配套费、土地出让等收入中安排资金，也可从国有资本经营收益中适当安排资金。

（三）经济政策

建立多元化社会资金筹措机制及市场运行模式，鼓励和吸引社会资金。**一是**出台土地供应、资本金注入、投资补助、财政贴息、税费减免等相关激励政策，吸引企业和其他机构参与老旧小区改造和运营。**二是**制定老旧小区增加容积率、增加面积与功能的土地、规划、产籍等政策措施，扩展资金筹措渠道。**三是**创新金融产品，改善金融服务，增加老旧小区的改造信贷资金安排。**四是**充分利用好住房公积金和房屋维修基金及其收益。**五是**做好引导宣传工作，调动居民改善居住环境和居住条件的积极性和主动性，更大程度争取住户行为和资金等方面的支持。

部分地区改造成本一览表　　表1

地区	改造内容	成本（元/m^2）	资金筹措
安徽	完善基础设施、房屋修缮改造、提升环境质量、完善公建配套、改造技防设施、完善消防设施等	63.06	财政资金投入（铜陵市市区两级8∶2筹措资金，市建投公司负责市级资金筹措的运行模式）
北京	1990年（含）以前建成的住宅楼房进行节能改造、热计量改造；水、电、气、热、通信、防水等老化设施设备改造；楼体清洗粉刷；根据实际情况，增设电梯、空调规整、楼体外部线缆规整、屋顶绿化、太阳能应用、普通地下室治理等。对1980年（含）以前建成的老旧房屋进行抗震鉴定，不达标的进行结构抗震加固改造，以及简易住宅楼拆改工作。 小区公共区域综合整治主要是对水、电、气、热、通信等专业线路、管网和设备改造；无障碍、消防、绿化、景观、道路、照明、信报箱等设施设备改造。根据实际情况，进行雨水收集系统应用、补建机动车和非机动车停车位、建设休闲娱乐设施、完善安防系统、补建警卫室、修建围墙等	抗震节能综合改造，4000；节能改造，500	市区两级财政按1∶1配套
甘肃	抗震加固、建筑节能改造、环境综合整治、基础设施改造提升	1647.02	
贵州	房地产开发建设和棚户区改造项目	3503.91	招商引资
河北	整修房屋，清理垃圾，补建、改造配套设施，拆除违章建筑，进行建筑节能改造等	21.198	各市、县统筹使用土地出让金、城市基础设施配套费、公用事业附加费等城建资金作为政府补贴资金，用于设施的更新、补建和房屋外墙面的粉刷及其他公共部位的维修。供电、供水、供气、供热、电信等设施的更新、补建，由各运营单位负责。原开发建设时遗漏的设施，由开发建设单位投资完善。居民自用部位和设施设备维修，住房产权人负责

续表

地区	改造内容	成本（元/m^2）	资金筹措
郑州	改造、疏通下水管道，整修路面，维修、增设路灯，增加绿化面积，合理设置非机动车库（棚），因地制宜设置小区机动车停车场地，拆除小区违章建筑物等工程	15.15	
湖北	道路翻修、供排水管网改造、环境绿化美化等综合整治	2679.16	财政资金先行投入
吉林	小区地面的硬化、公共场地的绿化、公共环境的亮化美化、小区的封闭以及安装防盗门、健身娱乐设施等	148.58	当地政府筹集
沈阳	实施绿化提升工程、增设安全防范设施、增设健身娱乐设施、整修破损道路等5大项17小项改造内容	18.93	市区两级财政1∶1配套
内蒙古	围护结构保温、室内采暖系统供热计量、室外管网改造及热源平衡、庭院管网、小区道路硬化、环境整治、绿化亮化、设施配套等	88.68	国家节能改造资金，自治区、盟市、旗县政府投资
宁夏	小区的道路、水、暖、电、气、节能和排污等基础设施进行改造完善，对小区环境进行绿化、美化和亮化；实施安全技防工程建设，落实安保人员，整体规划停车位、自行车棚等	120.86	政府支持、多方筹资
青海	雨污分流、污水进网、道路维修、绿化改造等工程	500.05	财政投入
上海	以成套改造、平改坡综合改造、综合整治、直管公房全项目修缮四种类型为主	220	市、区级街道财政各出资30%，业主维修资金出资10%
天津	围护结构和供热系统改造	119.57	国家奖励资金、市财政补贴资金、区县财政自筹资金、受益单位和受益人出资，出台了建筑节能专项资金管理办法

国家和地方老旧居住小区改造投资估算表 **表2**

<table>
<tr><th>序号</th><th>更新类别</th><th colspan="2">更新内容</th><th colspan="2">成本估算（元/m²）</th><th>备注</th></tr>
<tr><td rowspan="19">1</td><td rowspan="19">建筑住栋更新</td><td rowspan="6">1. 建筑结构加固</td><td rowspan="2">地基基础加固</td><td>抗震区</td><td rowspan="6">2000</td><td rowspan="6">非抗震区折减30%</td></tr>
<tr><td>非抗震区</td></tr>
<tr><td>植筋加固</td><td rowspan="2">抗震</td></tr>
<tr><td>粘钢加固</td></tr>
<tr><td>包钢加固</td><td rowspan="2">非抗震</td></tr>
<tr><td>碳纤维加固</td></tr>
<tr><td rowspan="7">2. 节能改造</td><td>外墙</td><td rowspan="2">严寒地区</td><td rowspan="2">320</td><td rowspan="7">不含可再生能源利用</td></tr>
<tr><td>屋面</td></tr>
<tr><td>外窗</td><td rowspan="2">寒冷地区</td><td rowspan="2">300</td></tr>
<tr><td>楼地面</td></tr>
<tr><td>供热计量与控制</td><td rowspan="2">夏热冬冷地区</td><td rowspan="2">200</td></tr>
<tr><td>外遮阳</td></tr>
<tr><td>可再生能源利用</td><td>夏热冬暖地区</td><td>200</td></tr>
<tr><td rowspan="2">3. 电梯改造</td><td>加装电梯</td><td colspan="2" rowspan="2">300</td><td rowspan="2">加装电梯费用</td></tr>
<tr><td>电梯更新</td></tr>
<tr><td rowspan="4">4. 居住功能改善</td><td>成套改造</td><td colspan="2" rowspan="4">200</td><td rowspan="4"></td></tr>
<tr><td>功能空间改造</td></tr>
<tr><td>安全性能改造</td></tr>
<tr><td>设施设备改造</td></tr>
<tr><td rowspan="11">2</td><td rowspan="11">室外环境更新</td><td rowspan="3">1. 道路更新</td><td>混凝土路面</td><td colspan="2" rowspan="3">30</td><td rowspan="3"></td></tr>
<tr><td>沥青路面</td></tr>
<tr><td>铺装路面</td></tr>
<tr><td rowspan="2">2. 停车设施</td><td>地面停车（道路拓宽）</td><td colspan="2" rowspan="2">160</td><td rowspan="2"></td></tr>
<tr><td>立体停车</td></tr>
<tr><td rowspan="2">3. 绿化复植</td><td>绿植配置</td><td colspan="2" rowspan="2">100</td><td rowspan="2"></td></tr>
<tr><td>环境景观</td></tr>
<tr><td colspan="2">4. 适老化设施</td><td colspan="2">10</td><td></td></tr>
<tr><td rowspan="2">5. 海绵小区</td><td>雨水收集</td><td colspan="2" rowspan="2">50</td><td rowspan="2"></td></tr>
<tr><td>透水铺装</td></tr>
<tr><td colspan="2">6. 标识系统</td><td colspan="2">2</td><td></td></tr>
</table>

续表

<table>
<tr><th>序号</th><th>更新类别</th><th colspan="2">更新内容</th><th>成本估算（元/m²）</th><th>备注</th></tr>
<tr><td rowspan="16">3</td><td rowspan="16">配套更新设施</td><td rowspan="3">1. 给水排水</td><td>给水</td><td rowspan="3">30</td><td rowspan="3"></td></tr>
<tr><td>排水</td></tr>
<tr><td>水资源利用</td></tr>
<tr><td rowspan="2">2. 供热、燃气</td><td>热源改造</td><td rowspan="2">36</td><td rowspan="2"></td></tr>
<tr><td>管线</td></tr>
<tr><td rowspan="3">3. 供电</td><td>设备更新</td><td rowspan="3">60</td><td rowspan="3">不含充电桩费用</td></tr>
<tr><td>管线</td></tr>
<tr><td>充电桩</td></tr>
<tr><td rowspan="3">4. 智慧小区设施</td><td>安全防范</td><td rowspan="3">50</td><td rowspan="3"></td></tr>
<tr><td>管理与设备监控</td></tr>
<tr><td>信息网络</td></tr>
<tr><td rowspan="2">5. 生活垃圾处理设施</td><td>生化处理</td><td rowspan="2">5</td><td rowspan="2"></td></tr>
<tr><td>压缩包运</td></tr>
<tr><td>6. 活动设施</td><td></td><td>4</td><td></td></tr>
<tr><td colspan="2">投资测算</td><td colspan="4">∑=总改造建筑面积×改造内容单价</td></tr>
</table>

19 老旧小区改造资金筹集策略

老旧小区，指1990年之前所建的多层套式住宅楼。这些建筑承载了当时的时代烙印，几代人在此结婚生子。从当年刚分房时的辉煌，到如今年轻人买房迁出，社区逐步老龄化，走向没落衰败。近二十年随着城市的快速发展，旧住宅区逐步变成城市的伤疤，脏乱差的代名词。而这些老旧小区往往位于城市核心地带，具有历史记忆的承载价值，城市风貌和社会问题亟须解决，只有在政府公权力的组织引导下才能落实。

这些老旧住宅区，主要存在建筑、室内、景观、生态技术四方面人居环境问题。群众期盼老旧住宅区改造的呼声很高，但是碍于资金来源问题，这项工作一直推进缓慢。

1. 老旧小区改造资金缺乏的原因

一是政府财政紧张，无法投入过多资金进行改造，完全依赖政府改造则财政能力有限，故不可取。

二是部分老旧住宅区无物业维修资金，即使有物业维修资金也面临当前政策问题而支取困难。

三是住户资金筹措困难，经济条件好的逐步搬走，剩余的主要为老人、贫困户以及租客。大部分没有建立业主委员会，也没有正规的物业管理。

2. 老旧小区改造资金筹集策略

由于旧住宅区住户以社会中下层为主，所以在实施改造时资金来源要多渠道筹集解决，政府要加快研究相关政策办法。

一是统筹利用上级各种专项资金，综合实施，加大杠杆作用。财政补助：利用上级财政各种专项资金，如节能专项资金对建筑外保温及门窗等进行改造；利用城市双修申报试点城市，申请部分配套资金；利用民政适老化改造专项资金；利用住宅区污水零直排整治资金；外立面整治等。这些是启动项目的重要推手，但不是解决问题的主要途径。从目前这些资金的使用来看，由于政出多门，比如各自开挖，资金杠杆作用不明显，实施综合效果不佳，也导致一些浪费。

二是建议加快物业维修资金统筹，尽快改革现有办法，简化支取手续和条件，投入老旧住宅区的改造。物业维修基金：利用物业维修基金是很好的方式，但由于我国的物业维修基金未实现统筹使用，出现一边资金有很多沉淀，另一边资金缺乏的问题。由于现状老旧住宅大部分都是在物业维修基金收费规定之前建成，所以申请物业维修基金必须要做顶层政策调整。

三是自身公共资源的二次开发利用筹集资金。具体做法比如顶层住户出资平改坡取得阁楼使用权，并且出资对单元入户和整幢楼内楼道进行改造，而下部楼层住户则放弃公共屋顶使用权，得到公共空间品质的提升；利用室外场地空间改造停车位出租收费的方式，取得部分资金用于老旧住宅区有机更新；出租原有的一些闲置公共建筑空间，由于城市共享单车的出现，公共自行车库已经可以减少空间或者功能完全退出；还有利用广告资源，出租小区入口门闸、楼电梯、沿街面广告位，取得部分资金。这些公共资源的二次开发利用，可以形成一些资金收益的长效机制，对老旧住宅品质有机更新有一定意义。在实施自身公共资源二次开发利用筹集资金时，可以加强业委会组织实施公共设施的建设或者尝试引入社会资本进行运营等。

20 建立和完善城镇老旧小区改造工作机制①

老旧小区改造是民生、民心工程，也是发展工程，还是构建共建共治共享的社会治理格局的重要抓手，是城市有机更新、社区治理、改善人居环境工作的有效切入点。城镇老旧小区改造，有利于改善老旧小区居民的居住条件和生活品质，满足老旧小区居民日益增长的美好生活需要，提高人民群众获得感、幸福感、安全感。同时，也是扩大内需、拉动投资，促进国内经济循环、转换增长新动力，推动经济社会协调发展的新举措。2021 年政府工作报告提出：新开工改造城镇老旧小区 5.3 万个，支持管网改造、加装电梯等，发展居家养老、用餐、保洁等多样社区服务。围绕老旧小区改造工作，大量的城市公共产品供给和管理服务都在社区这个城市最后一公里基层单元上被链接起来，如安全技防、快递接收、托幼配套、社区养老、停车场、社区活动场足球场、生活垃圾分类、“水电暖气热信”供给、海绵城市改造等。这里的每一项工作都是党中央关切的民生工程、群众关注的民心工程，也是扩大内需、转变发展方式的综合性、系统性工程，将成为城乡建设一项长期持续的工作和主要任务。党中央、国务院高度重视城镇老旧小区改造工作，习近平总书记多次作出重要指示批示，李克强总理在《政府工作报告》中作出明确部署。为贯彻落实党中央、国务院关于城镇老旧小区改造工作的决策部署，国务院办公厅印发了《关于全面推进城镇老旧小区改造工作的指导意见》（国办发〔2020〕23 号）文

① 本文刊登于《住宅产业》2021 年第 4 期。

件，为全面推进城镇老旧小区改造工作提供了指导性和可操作性强的纲领性文件。

一、城镇老旧小区界定与改造内容

城镇老旧小区改造是保障和改善民生的重要工作。合理确定老旧小区改造对象及改造内容与重点，是统筹规划、合理安排改造工作的依据，对推进城镇老旧小区改造的持续健康高质量发展具有重要意义。

（一）老旧小区界定

按照我国居住区形成及现状，老旧居住区可分为棚户区、危险房屋居住区及城镇老旧小区三种类型。

1. 棚户区和棚户区改造。根据《关于加快推进棚户区（危旧房）改造的通知》（建保〔2012〕190 号）规定，棚户区指简易结构房屋较多，建筑密度较大，使用年限久，房屋质量差，建筑安全隐患多，使用功能不完善，配套设施不健全的区域。城市危房、城中村纳入城镇棚户区范围。棚户区改造是指列入省级人民政府批准的棚户区改造规划或年度改造计划的改造项目；改造安置住房是指相关部门和单位与棚户区被征收人签订的房屋征收（拆迁）补偿协议或棚户区改造合同（协议）中明确用于安置被征收人的住房或通过改建、扩建、翻建等方式实施改造的住房。

2. 危房及危房改造。根据《危险房屋鉴定标准》JGJ 125—2016，危险房屋的定义为：房屋结构体系中存在承重构件被评定为危险构件，导致局部或整体不能满足安全适用要求的房屋。房屋危险性鉴定，应根据房屋的危险程度按下列等级划分：A 级：无危险构件，房屋结构能满足安全使用要求；B 级：个别结构构件评定为危险构件，但不影响主体结构安全，基本能满足安全使用要求；C 级：部分承重结构不能满足安全使用要求，房屋局部处于危险状态，构成局部危房；D 级：承重结构已不能满足安全使用要求，房屋整体处于危险状态，构成整幢危房。危房改造重点范围是 C、D 级危险房屋，主要是对建筑物主体结构及主要受力构件进行安全加固和安全性能提升。

3. 城镇老旧小区改造。城镇老旧小区是指城市或县城（城关镇）建成年代较早、失养失修失管、市政配套设施不完善、社会服务设施不健全、居民改造意愿强烈的住宅小区（含独栋住宅楼）。城镇老旧小区改造不含棚户区、危房房屋（C、D级）及征收补偿或拆除新建方式等小区。改造内容涵盖建筑物本体及其附属设施、小区市政基础设施、小区环境配套及社区综合服务设施等。

（二）城镇老旧小区改造对象范围

各地已经实施改造的城镇老旧小区，主要是建成于2000年以前、配套设施不全或破损严重、管理服务机制不健全，且不宜整体拆除重建的小区，基本上都是房改房或原公房小区、拆迁安置房等。

1. 部分省份界定改造范围。**北京市**分批次分别为1980年以前、1990年以前建成的小区；**重庆市**为直辖（1997年）以前建成的小区；**青海省**为未来10年内不会列入征收计划、功能不全、配套不齐、业主改造意愿强烈的小区及可纳入毗邻小区统一管理的单栋住宅楼；**江苏省**针对不同年代建设标准不一的实际情况，将2000年前建设的小区列入老旧小区；**四川省**包括了短期不会拆迁的国有土地上以居民自建住房为主的区域；**成都市**将2004年12月31日前建成的小区纳入老旧小区改造范围。**山东省**改造对象界定为1995年以前，部分地区适当延长到2000年前。

2. 改造对象范围。建议在进一步摸底调查的基础上，按照小区的性能和功能来划分改造范围界限，有针对性地实施改造，更有利于改善老旧小区居民的居住条件和生活品质，同时有利于协调城市整体面貌。城镇老旧小区界定为：城镇老旧小区是指城市或县城（城关镇）建成年代较早、失养失修失管、市政配套设施不完善、社会服务设施不健全、居民改造意愿强烈的住宅小区（含独栋住宅楼）。各地应当结合实际，合理界定本地区改造对象范围，重点改造2000年底前建成的老旧小区。

（三）改造内容重点

老旧小区改造内容包括小区市政配套基础设施改造提升、小区环境及配套设施改造提升、建筑物本体及附属设施修缮、社会服务设施的配套建设等。改造内容分为基础类、完善类、提升类。

1. 基础类。为满足居民安全需要和基本生活需求的内容，主要是市政配套基础设施改造提升以及小区内建筑物屋面、外墙、楼梯等公共部位维修等。其中，改造提升市政配套基础设施包括改造提升小区内部及与小区联系的供水、排水、供电、弱电、道路、供气、供热、消防、安防、生活垃圾分类、移动通信等基础设施，以及光纤入户、架空线规整（入地）等。

2. 完善类。为满足居民生活便利需要和改善型生活需求的内容，主要是环境及配套设施改造建设、小区内建筑节能改造、有条件的楼栋加装电梯等。其中，改造建设环境及配套设施包括拆除违法建设，整治小区及周边绿化、照明等环境，改造或建设小区及周边适老设施、无障碍设施、停车库（场）、电动自行车及汽车充电设施、智能快件箱、智能信报箱、文化休闲设施、体育健身设施、物业用房等配套设施。

3. 提升类。为丰富社区服务供给、提升居民生活品质、立足小区及周边实际条件积极推进的内容，主要是公共服务设施配套建设及其智慧化改造，包括改造或建设小区及周边的社区综合服务设施、卫生服务站等公共卫生设施、幼儿园等教育设施、周界防护等智能感知设施，以及养老、托育、助餐、家政保洁、便民市场、便利店、邮政快递末端综合服务站等社区专项服务设施。

二、建立和完善老旧小区改造九大工作机制

《关于全面推进城镇老旧小区改造工作的指导意见》（国办发［2020］23号），从改造任务、组织实施机制、出资机制等方面明确了城镇老旧小区改造的“施工图”，是推进城镇老旧小区改造的工作指南。老旧小区改造不仅是社区建设工程，同时又是社会治理工程。通过老旧小区改造工作，加强社会治理体系建设，实现老旧小区改造与社会治理同步、改造工作机制建设与社会治理体系建设同步、老旧小区管理与基层组织建设同步，促进经济社会协调发展。城镇老旧小区改造重在建立和完善改造工作机制，是全面推进城镇老旧小区改造工作高质量、高效率开展的重要保障。主要是建立和完善以下九大机制：

（一）建立城镇老旧小区改造工作统筹协调机制

建立健全改造工作责任制，落实牵头部门，明确责任和分工，协调解决实

施中出现的困难和问题，完善多方主体参与的决策统筹协调工作机制。

1. 建立组织领导机制。建立由政府主要负责同志担任组长的改造工作领导小组，统筹规划、指导协调。

2. 建立统筹工作机制。统筹相关部门政策和资源，结合改造完善社区综合服务站、卫生服务站、养老托幼、文体健康活动等设施，打通各部门为民服务的“最后一公里”。

3. 建立实施推进机制。科学划分市、区、街道及有关部门单位的职责，明确责任清单，实现职责明确、分级负责、协同联动。

4. 建立组织协调机制。建立协调电力、通信、供水、排水、供气、供热等相关经营单位调整完善各自专项规划，协同推进城镇老旧小区改造的机制。

（二）建立城镇老旧小区改造项目生成机制

广泛调查居民意愿，了解群众诉求，摸清小区情况，在充分体现小区居民改造需求和意愿基础上，科学编制改造规划、改造计划、改造内容、改造方案等，形成由居民提出改造需求、政府积极扶持引导、全社会共同支持的自下而上的改造项目生成机制。

1. 调查房屋基本情况。对区域内城镇老旧小区进行全面调查摸底，从房屋结构安全情况、市政配套设施情况、社区服务设施情况、社区养老托幼情况等方面进行基础数据调查、收集和整理，对部分建成较早无竣工图纸等基础资料缺失的小区进行测绘并完善基础数据，部分地区可以根据实际情况对居民房屋进行综合评估或安全鉴定，对每个小区居民的居住人群情况进行调查整理，对社区内现有的居民养老方式、社区配套养老设施、社区托幼设施等进行调查整理。摸清城镇老旧小区的数量、户数、楼栋数和建筑面积等基本情况。

2. 调查居民实际需求。对居住在城镇老旧小区内的居民进行实地调查，可以通过问卷调查、入户走访、楼栋代表会议等多种形式深入了解居民的实际需求，对居民关心的、反映强烈的问题进行收集汇总，特别是居民关心的房屋建筑功能、市政配套功能、社区服务功能、居民品质生活等方面进行重点、详细调查并收集汇总。

3. 建立改造项目数据库。对调查、摸底、收集后的数据进行汇总整理，对小区房屋结构安全情况、市政配套设施情况、社区服务设施情况、社区养老托幼情况、居民改造意愿情况、居民参与积极性情况、居民出资情况等方面进行造册登记，并出具小区“体检报告”，对每个老旧小区的现状情况和居民的实际需求做到“心中有数”，形成老旧小区改造项目数据库。

4. 编制改造规划。根据老旧小区改造项目数据库的小区“体检报告”，结合小区周边市政配套、社区配套服务等情况，科学规划小区内以及小区红线外与小区直接相关的供（排）水、供电、供气、供热、通信、生活垃圾分类、道路、无障碍、房屋公共区域修缮、建筑节能改造、安防、照明、充电、智能信报箱等基本民生类项目的建设和改造，重点对房屋安全、水、电、气、通信、无障碍环境建设、架空线入地等内容进行统筹规划。对于有条件的小区应在改造中同步实施加装电梯，不具备电梯加装条件的通过楼道代步器、移动爬楼器等设备解决特殊人群上下楼问题；有条件的小区将社区配套养老、家庭日间照料、抚幼、医疗、助餐、停车库（场）、休闲健身等公共服务设施进行同步实施，对于社区家政保洁、便民市场、便利店等社会服务设施的建设、改造可以按照成片布局、方便快捷等原则统筹规划。

5. 编制改造计划。根据老旧小区改造项目数据库内每个“体检报告”的情况，按照实施一批、谋划一批、储备一批的原则，区分轻重缓急，科学编制改造规划，确定改造总体和分年度目标、任务，优先对居民改造意愿强、参与积极性高、居民出资情况好、配套设施历史欠账多的小区进行改造。

（三）建立改造资金政府与居民合理共担机制

按照“居民拿一点、政府补一点、市场筹一点”的原则，建立改造资金政府与居民合理共担机制，多渠道筹集城镇老旧小区改造资金。

1. 共担机制基本原则。要根据房屋性质、改造内容、潜在收益等具体特点，按照“谁受益谁出资”原则，合理确定城镇老旧小区改造差异化资金筹集方案，建立健全居民与政府合理共担机制。原则上，供水、供电等市政基础设施计费表后部分的改造，小区环境改造及加装电梯、停车设施，建筑物本体修缮等，费用由居民承担，各地根据财力状况，采取以奖代补方式给予支持。公共设施采用政府投资与社会资金相结合的方式多渠道筹措资金。

2. 共担资金来源。应该根据实际情况，按照“政府补贴、居民主导、产权单位分担”的原则，实行责任分担。按照“谁受益谁出资”的原则，正确引导居民、产权单位积极主动参与小区改造提升，多方筹集资金。老旧小区改造的资金来源有三个方面，一是居民组织筹集，二是社会资本进入，三是政府奖励补贴。产权单位和管线单位的资金实际上也是属于政府或社会的一部分。

（四）建立健全动员群众共建机制

加强城镇老旧小区改造与基层组织建设、社区治理体系建设有机结合。建立和完善基层党组织、业主委员会、小区居民自治组织等，充分发挥基层党组织在社区治理体系建设中的领导作用，调动广大居民及社会组织参与改造的积极性和主动性，共同推进老旧小区改造工作。

1. 共同缔造理念和方法运用。运用美好环境与幸福生活共同缔造理念和方法，把小区改造与加强基层党组织建设、社区治理体系建设有机结合。共同缔造理念在老旧小区改造中的运用，就是以小区为基本单元，激发居民群众热情，调动小区相关联单位的积极性，共同参与老旧小区改造，以构建“纵向到底、横向到边、协商共治”的社会治理体系，打造共建共治共享的社会治理格局。

2. 搭建沟通议事平台。利用“互联网＋共建共治”等线上线下手段，开展小区党组织引领的多种形式基层协商，改造前问需于民，改造中问计于民，实现决策共谋、发展共建、建设共管、成效共评、成果共享。

3. 引入设计师、工程师进社区。积极推动设计师、工程师进社区，辅导居民有效参与改造，实现共建共享。

4. 凝聚民力、共同监督。坚持以居民为主体，动员居民出钱、出物、出力、出办法，使居民的观念由“要我建”转变为“我要建”，凝聚各方力量共同参与社区建设，促使居民珍惜用心用力共建的劳动成果。充分发挥社会监督作用，畅通投诉举报渠道，组织做好工程验收。

（五）建立健全改造项目推进机制

加快推进项目建设管理体制改革，简化审批流程和建设管理程序、构建快速高效的服务和管理推进机制。

1. 各负其责，形成合力。以“业主主体、社区主导、政府引导、市场推进”为原则，推行以街道办居委会为中枢、代建单位为市场主体、政府部门积极协调辅助推进的“三位一体”的建设治理模式。

2. 实行“一门审批”。深化行政体制，简化行政审批，实行“一门审批”。项目计划的审批、设计方案的审批、投资造价的审批、项目招标投标的审批、项目施工的审批、项目决算的审批等多个环节，每个审批环节需要建立严格简便的审批流程，做到既能严格把关，又不影响项目开展，结合网络信息化的运用，高效开展工作。

3. 采用 EPC 总承包模式。改造工程实施应采用规划设计、实施推进、投资运营一体化的管理模式。

（六）探索社会力量以市场化方式参与机制

鼓励采用政府采购服务、新增设施有偿使用、落实资产权益等方式，吸引专业机构、社会资本参与城镇老旧小区改造。

1. 资产增值保证。征收小区中空置房源及相关配套设施，进行提升改造后通过经营、租赁、出售等方式，实现房屋增值保值和部分收益。

2. 配套设施扩建。要充分挖掘老旧小区空间价值，整合利用存量资源，使改造主体能在改造后产生收益和现金流，通过国家政策性银行的金融产品支持，吸引大型企业投入老旧小区改造行业。

3. 社区经营管理。利用经营社区配套实现向“运”要效益。通过增建社区服务中心、居家养老中心、幼少儿教育服务中心、医疗中心、家政服务中心、停车位及停车设施的运营等。搭建社区综合服务平台，将各项管理服务深度融合，逐步引进智慧型项目，最终形成智慧社区综合服务平台，可以带来相对稳定的现金流和收入。

（七）探索金融机构可持续方式支持机制

按照市场化原则，鼓励培育构建城镇老旧小区改造规模化实施运营主体，支持实施运营主体运用公司信用类债券、项目收益票据等进行债券融资，加大对实施主体的信贷力度。

1. 加大信贷产品和服务力度。在不增加地方政府隐性债务的前提下，以可持续方式从供需两侧对老旧小区改造提供金融支持。国家开发银行、农业发展银行应将老旧小区改造纳入抵押补充贷款支持范围。对纳入年度改造项目计划的项目贷款及居民装修等消费贷款适当予以利率优惠。

2. 有效拓宽融资渠道。允许保险、基金、信托、社保基金、住房公积金等投资老旧小区改造。支持改造实施主体发行债券和资产证券化产品，专用于老旧小区改造项目。

3. 加强信贷资金支持。鼓励银行或其他金融机构为实施运营主体发放短期改造资金贷款，不纳入企业开发贷款规模。准许老旧小区改造后的收益权作为质押品向银行申请贷款，并降低贷款担保费用。

（八）建立存量资源整合利用机制

充分利用存量资源，发掘存量资源潜力，增建公共服务设施，完善社区服务功能，为改造及运营管理提供资金支持。

1. 连片改造、设施共享。合理拓展改造实施单元，推进相邻小区及周边地区联动改造，加强片区服务设施、公共空间共建共享。

2. 规划先行，科学布局。连片改造区域科学规划，对旧片区内原有闲置厂房、锅炉房及其他用房及区域内的危旧房屋、非成套住宅拆迁重建，合理增建社区服务中心、养老托幼服务等配套设施，促进存量资源整合利用。

3. 制定存量资源整合利用政策。对改造中存量资源的整合利用应从规划管理审批、消防验收备案、产权产籍等级、经营营业权属、税费优惠等方面给予扶持。

（九）完善小区长效管理机制

结合老旧小区改造，同步建立小区管理机制，调动居民参与小区管理的积极性和主动性，培育美丽家园共建共管意识，增强居民的主人感和获得感。

1. 健全管理机制。改造工作中，同步建立小区党组织领导，居委会、业主委员会、物业管理公司等多主体参与的小区管理联席会议机制。

2. 建立维修管理机制。建立健全小区房屋专项维修基金归集、使用、筹措机制，促进改造后小区实现自我管养。

三、老旧小区改造工作措施

坚持新发展理念，推进城镇建设高质量发展，顺应居民日益增长的美好生活需要，改造提升城镇老旧小区，构建“纵向到底、横向到边、协商共治”的社区治理体系，打造共建共治共享的社会治理格局，让人民群众生活更方便、更舒心、更美好。

（一）合理确定改造内容

从人民群众最关心、最直接、最现实的利益问题出发，顺应群众期盼，先急后缓，优先解决直接影响居住安全、居民生活的突出问题。按照轻重缓急、难易程度划分为：基础类、完善类和提升类三类。按照居住区功能属性将老旧小区改造的内容划分为：安全适用工程、配套设施工程、健康节能工程、环境美化工程、空间改造工程、运维管理工程、功能提升工程、适老宜居工程、功能增值工程等九大工程。

1. 基础类改造工程。包括安全适用工程、配套设施工程等，实现安全耐久、经济实用，配套齐全、生活便捷。

2. 完善类改造工程。包括健康节能工程、环境美化工程、空间改造工程、运维管理工程、设施提升工程等，实现健康舒适、节能环保，绿化亮化、和谐美丽，空间合理、功能完善，专业管理、保养到位，功能提升、出行方便。

图 1 为厦门海洋新村小区楼栋改造立面效果，图 2 为南京观音里小区增设电梯。

3. 提升类改造工程。包括适老宜居工程、功能增值工程，实现适老宜居、人文关怀，设施扩建、提质增效。

（二）科学测算投资资金

运用经验估算法与投资估算法准确测算投资资金，实现投资效益最大化。

1. 经验估算法。根据各地区实际情况不同，改造内容和标准不同，进行测算。以同类气候区位参照基础，合理确定资金需求。

2. 指标估算法。根据改造分部分项工程的内容及改造规模逐项测算。按照安全适用工程、配套设施工程、健康节能工程、环境美化工程、空间改造工

图 1 厦门海洋新村小区楼栋改造立面效果

图 2 南京观音里小区增设电梯

程、运维管理工程、设施提升工程、适老宜居工程、功能增值工程等九大分项工程进行测算。

（三）坚持正确技术路线

明确项目实施主体，制定改造工作流程，统筹安排规划、设计、施工、运营管理，实现全工程动态监控，推进项目有序实施。改造实施过程分为监测评估、规划设计、组织实施、验收总结等环节。

1. 技术路径。监测评估、规划设计、实施推进、验收总结。改造前应对拟改项目进行系统监测评估，充分听取群众意见，确定改造内容，选择改造团队。采取灵活方式确定建设（代建）、施工、监理、设计单位。项目完工后，经小区业主委员会或居民自治小组验收通过并签字确认后，由代建单位按照竣工验收程序，提供相关资料向街道提出初步验收申请，各区组织复验并移交管理。

2. 关键技术。完善《城镇老旧小区改造技术导则》《城镇老旧小区改造技术体系》《城镇老旧小区改造技术与产品应用目录》《城镇老旧小区改造案例经验成果汇编》等。建立完善城镇老旧小区改造技术导则、关键技术目录等技术文件，为开展老旧小区改造提供产品技术支持。

3. 组织实施。统筹改造全过程，一张蓝图干到底，发动居民主动参与。实施规划设计、施工投资、运营管理一体化模式，做到系统化设计、专业化改造、规范化管理、一体化实施。主动了解居民诉求，促进居民达成共识，发动居民主动参与改造全过程。

（四）建立长效管理机制

推进小区管理与社区管理、自治与共治相结合，引导改造小区引入物业服务管理或建立自治管理，健全小区管理制度。扩大服务范围，丰富社会服务供给，完善社区综合服务、卫生服务、养老托幼、助残、家政保洁、便民市场、便利店等服务管理，提升居民生活品质。

1. 专业化物业管理模式。引入专业化物业管理公司，实行物业及服务全面管理。由小区业主委员会或小区管理委员会结合实际需求和特点，选择合适的优质物业公司，确定物业管理的服务标准和收费标准，明确物业管理目标。

2. 居民自治管理模式。成立居民自治小组，增加居民参与意识。街道、社区帮助指导成立居民自治小组、小区业主委员会或小区管理委员会，按照“自我管理、自我服务、自我运行、费用均摊”的原则，管理居民事务。图3为厦门神山小区业主自研发浇灌系统，图4为厦门神山小区业主自研发垃圾分类工具。

图3 厦门神山小区业主自研发浇灌系统

3. 社区统筹管理模式。完善社区治理体系建设，创新社区治理模式。从改造工作开始建立治管并举、长效管理的工作机制。各街道办事处设立改造及物业管理机构，加强社区工作力量，推进小区改造管理与基层党组织建设、小区管理与社区管理，自治与共治相结合，建立自治管理体系，健全小区管理制度。

4. 完善小区长效管理机制。健全管理制度，建立维修管理机制。改造工作中，同步建立多主体参与的小区管理联席会议机制，协商确定小区管理模式、管理规约及居民议事规则，共同维护小区改造成果。建立健全小区房屋专项维修基金归集、使用、筹措机制，促进改造后小区实现自我管养。

图4　厦门神山小区业主自研发垃圾分类工具

（五）建立体制机制保障

老旧小区改造工作涉及部门多、行业多，需要各部门聚谋聚智、齐心协力、共同支持，才能保障老旧小区改造工程顺利实施。

1. 建立多方主体参与的决策统筹协调推进工作机制。各级成立党委和政府领导挂帅的城镇老旧小区改造决策统筹协调推进工作机制，保障城镇老旧小区改造工作的层层推进。

2. 建立居民自治组织、形成自主决策治理机制。调动小区居民及相关联单位的积极性。充分运用“共同缔造”理念，激发居民群众的热情，调动小区相关联单位的积极性（图5）。

3. 建立支持和鼓励社会单位以多种形式参与机制。营造公平的市场环境，引导社会力量参与。对于各类所有制企业一视同仁，放宽市场准入，通过特许经营、PPP、ROT、BOT等政企合作模式，引入社会力量及大型企业集团参与老旧小区改造。简化审批程序，提高工作效率。

4. 加强组织领导，创新激励方式。明确目标任务，加强指导监督考核。适时发布老旧小区改造指导意见，制定奖补标准和方法，编制相关管理考核办

图5 天津宝翠花都社区开展垃圾分类宣传

法和绩效评估方法，规范老旧小区改造工作。

（六）完善经济技术政策

制定老旧小区改造推进措施，从建设程序、资金来源、市场化运作等方面提供政策支持，统筹推进老旧小区改造资金筹措与使用、房屋建筑施工改造、小区公共设施综合整治、竣工验收和后期物业服务等方面的工作。

1. 经济政策支持。制定相关经济政策，保障资金来源。制定出台土地供应、资本金注入、投资补助、财政贴息、税费优惠等相关激励政策措施，吸引企业和其他机构参与老旧小区改造和运营。

2. 技术政策支持。完善技术标准与技术体系。分别从基础标准、通用标准和专用标准三个层次逐层梳理和完善老旧小区改造相关标准规范、技术导则和图集。编制老旧小区改造相关的监测与鉴定、设计与施工、决策与评价等技术标准；编制老旧小区改造验收标准、老旧小区住宅性能评定技术标准等。

3. 资金政策支持。加大财政投入，多渠道筹措资金。中央财政设立老旧小区改造专项资金，加大中央财政支持力度，省级人民政府也要相应加大投入力度。拓宽融资渠道，多方位支持。

4. 改造资金共担机制。改造资金由居民、财政资金、管线单位、产权单位、社会资本投入等共同承担。按照“居民拿一点、市场筹一点、政府补一点”的原则，建立改造资金政府与居民合理共担机制，并鼓励社会资本参与加装电梯、停车设施及养老抚幼便民设施的改造。

（七）共同缔造工作机制

共建共治共享就是在党的领导下，完善群众参与基层社会治理的制度化渠道，加强基层协商民主，激发群众参与社区治理的积极性、主动性和创造性，实现政府治理和社会调节、居民自治良性互动，有效解决强迫命令过多，与群众沟通不足等问题。

1. 决策共谋。了解居民需求，拓宽居民参与渠道。通过座谈、入户、工作坊等多种方式了解居民需求（图 6）。通过课程培训、项目指导等方式，培育社区规划师，形成可持续的基层力量，提高居民参与的持续性与能力。

图 6　社区居民恳谈日活动现场

2. 发展共建。动员居民以多种方式参与改造与整治。对社区改造中技术含量低、工程量小、见效快的工作，如房前屋后环境整治，动员社区居民自己动手改造。鼓励居民参与改造的实施与监督等工作。通过举办社区老照片展览、优秀人物风采展示、手绘社区风景、口述社区历史等活动，深入挖掘文化素材，做好历史传承，形成本城市社区特色鲜明的社区文化。

3. 建设共管。要管人、管事、管钱、管物，做到全面管理。建立社区公约，建立健全认领认管制度及项目管理制度。改造的各个项目资金，可以选举居民参与资金监督，账目公开。

4. 效果共评。做好改造项目全过程评价。组织居民对项目开展预评、过程评价、效果评价等，积极鼓励居民参与项目建设全过程。

5. 成果共享。共享美好环境、融洽关系、协商共治、发展成果。通过共同缔造，实现政府治理和社会调节、居民自治的良性互动，打造了共建共治共享的社会治理格局，共享发展成果。

21 城镇老旧小区改造运作模式①

我国的城镇化率已经超过60%，城市发展建设模式已经从外延扩张向内涵提质转变，进入对存量提质增效阶段。党中央、国务院高度重视城镇老旧小区改造工作。《中华人民共和国国民经济和社会发展第十四个五年规划和2035年远景目标纲要》提出，加快推进城市更新，改造提升老旧小区、老旧厂区、老旧街区和城中村等存量片区功能，推进老旧楼宇改造，积极扩建新建停车场、充电桩。国务院办公厅2020年7月印发的《关于全面推进城镇老旧小区改造工作的指导意见》（国办发〔2020〕23号）要求，到2022年基本形成城镇老旧小区改造制度框架、政策体系和工作机制；到“十四五”期末，结合各地实际，力争基本完成2000年底前建成的需改造城镇老旧小区改造任务。老旧小区改造是民生、民心工程，也是发展工程，是实施城市更新行动的重要内容，也是扩大内需、拉动投资，促进国内经济循环、转换增长新动力，构建新发展格局和推动经济社会协调发展的新举措，让群众有更多、更直接、更实在的获得感、幸福感、安全感。

一、城镇老旧小区成因及改造对象范围

城镇老旧小区改造是当前住房和城乡建设领域一项重要工作，准确了解我国城镇老旧小区形成的历史原因、改造对象范围及改造基本原则，对合理确定改造内容与重点，统筹规划、合理安排改造工作，推进城镇老旧小区改造的持

① 本文刊登于《住宅产业》2021年第7期。

续健康高质量发展具有重要意义。

(一) 城镇老旧小区的成因

老旧小区是我国经济社会发展的特殊产物，与世界其他国家和地区的老旧小区有着本质的区别。**一是我国住房制度改革的产物**。1998年7月3日《国务院关于进一步深化城镇住房制度改革加快住房建设的通知》(国办发〔1998〕23号) 提出：全国城镇1998年下半年开始停止住房实物分配，逐步实行货币化分配。这一文件的发布，开启了我国城镇住房商品化的新时期，同时，对原有住房进行房改，由个人以成本价格购买，房屋产权关系发生了重大变化。1998年以前，我国实行低租金福利性住房制度，国家统一规划建设、统一管理维护，个人缴纳租金，责权利关系明确。房改以后，原有居住小区房屋、设施等产权关系复杂，缺乏保养维护，造成失养失修失管，房屋破旧、环境脏乱，设施设备老化等。**二是城镇发展不平衡不充分的产物**。过去20多年我国住宅与房地产业持续保持快速发展，为拉动经济社会发展、改善居民居住条件和环境做出了巨大贡献，但是住房建设发展同样存在发展不平衡不充分问题。住房发展只重视新建住宅的建设，忽略了既有住区的综合改造提升，造成了既有住区的环境、设施与新建小区的差距越来越大，功能与设施、配套与服务严重滞后。**三是社会转型发展的产物**。我国已开启现代化建设新征程，进入高质量发展阶段，人民对美好生活的需要越来越高。城镇老旧小区主要是2000年以前建成的小区，多数为房改房及其他福利性住房。由于当时的经济、技术、体制等方面因素，住宅建设标准较低，住宅的功能、性能、环境、设施及工程质量不高，市政配套设施不完善，社区服务设施不健全等，不能满足全面建成小康社会的新要求。

(二) 城镇老旧小区改造对象范围

按照我国居住区形成及现状，老旧居住区可分为棚户区、危险房屋居住区及城镇老旧小区三种类型。城镇老旧小区是指城市或县城(城关镇)建成年代较早、失养失修失管、市政配套设施不完善、社会服务设施不健全、居民改造意愿强烈的住宅小区(含独栋住宅楼)。重点改造2000年底前建成的老旧小区。城镇老旧小区改造不含棚户区、危房房屋(C、D级)及征收补偿或拆除新建方式等小区。

（三）老旧小区改造基本原则

按照党中央、国务院决策部署，坚持以人民为中心的发展思想，坚持新发展理念，按照高质量发展要求，改善居民居住条件，推动构建“纵向到底、横向到边、共建共治共享”的社区治理体系，让人民群众生活更方便、更舒心、更美好。**一是坚持以人为本，把握改造重点**。从人民群众最关心、最直接、最现实的利益问题出发，征求居民意见并合理确定改造内容，重点改造完善小区配套和市政基础设施，提升社区养老、托幼、医疗等公共服务水平，推动建设安全健康、设施完善、管理有序的完整居住社区。**二是坚持因地制宜，做到精准施策**。科学确定改造目标，量力而行，不搞“一刀切”，不层层下指标；合理制定改造方案，体现小区特点，杜绝政绩工程、形象工程。**三是坚持居民自愿，调动各方参与**。广泛开展“美好环境与幸福生活共同缔造”活动，激发居民参与改造的主动性、积极性，充分调动小区关联单位和社会力量支持、参与改造，实现决策共谋、发展共建、建设共管、效果共评、成果共享。**四是坚持保护优先，注重历史传承**。兼顾完善功能和传承历史，落实历史建筑保护修缮要求，保护历史文化街区，在改善居住条件、提高环境品质的同时，展现城市特色，延续历史文脉。**五是坚持建管并重，加强长效管理**。以加强基层党建为引领，将社区治理能力建设融入改造过程，促进小区治理模式创新，推动社会治理和服务重心向基层下移，完善小区长效管理机制。

二、老旧小区改造内容及投资

改造内容涵盖建筑物本体和其附属设施、小区市政基础设施、小区环境配套及社区综合服务设施等。

（一）改造内容

按照居住区功能属性将老旧小区改造的内容划分为：安全适用工程、配套设施工程、健康节能工程、环境美化工程、空间改造工程、运维管理工程、设施提升工程、适老宜居工程、功能增值工程等九大工程。按照轻重缓急、难易程度划分为：基础类工程、完善类工程和提升类工程。**基础类：**包括安全适用工程、配套设施工程；**完善类：**包括健康节能工程、环境美化工程、空间改造工程、运维管理工程、设施提升工程；**提升类：**包括适老宜居工程、配套设施功能增值工程，抚幼设施、医疗设施、便民设施、文化设施、社区管理用房等。老旧小区改造成本分析如表 1 所示。

老旧小区改造成本分析　　表 1

项目类别	改造内容	投资分析	投资成本
基础类	安全适用工程	50 元/m^2	200 元/m^2
	配套设施工程	150 元/m^2	
完善类	健康节能工程	200～320 元/m^2	1000 元/m^2
	环境美化工程	160 元/m^2	
	空间改造工程	200 元/m^2	
	运维管理工程	60 元/m^2	
	设施提升工程	300 元/m^2	
提升类	适老宜居工程		
	功能增值工程		

（二）改造的重点

改造的内容应坚持“先基础后完善再提升”的原则，从问题出发，顺应群众期盼，满足居民安全需求和基本生活需求。基础类工程以完善老旧小区配套设施为切入点，提高居住的功能性和舒适性。提升类工程主要是公共服务配套设施建设及其智慧化改造，以社区为单位立足小区及周边实际条件统筹规划，推进相邻小区及周边地区联动改造，实现片区服务设施、公共空间共建共享，促进存量资源整合利用，丰富社区服务供给，提升居民生活品质。

（三）改造目标

通过对九大类功能的改造，确保实现安全耐久、经济实用，配套齐全、生活便捷，健康舒适、节能环保，绿化亮化、和谐美丽，空间合理、功能完善，专业管理、保养到位，功能提升、出行方便，适老宜居、人文关怀，设施扩建、提质增效的居住小区，使老旧小区居民增加六大获得感：安全耐久、健康舒适、绿色节能、经济适用、智能感知、人文美观。

（四）投资与来源

对基础类改造内容，坚持应改尽改，财政资金予以重点支持；对完善类改造内容，坚持尊重群众意愿、能改则改，财政资金给予积极支持与居民、社会力量共担；对提升类改造内容，坚持立足小区及周边实际条件积极推进，发挥财政资金的引导作用，运用市场化方式吸引社会力量参与改造。

三、老旧小区改造的运作模式

老旧小区改造应坚持“业主主体、社区主导、政府引导、市场运作”及“谁受益谁投资”的原则，吸纳社会力量参与，为城镇老旧小区改造提供多元化的资金来源。

（一）EPC（Engineering Procurement Construction）模式

业主委托，承建方采用总承包模式，具体是指公司受业主委托，按照合同约定对工程建设项目的设计、采购、施工、试运行等实行全过程或若干阶段的承包。EPC：工程（Engineering）、采购（Procurement）、建设（Construction），是国际通用的工程总承包产业的总称。工程：从工程内容总体策划到具体的设计工作；采购：从专业设备到建筑材料的采购；建设：从施工、安装到技术培训。通常公司在总价合同条件下，对其所承包工程的质量、安全、费用和进度负责。根据国家发展和改革委员会联合住房和城乡建设部共同印发推行《房屋建筑和市政基础设施项目工程总承包管理办法的通知》以及《关于推进全过程工程咨询服务发展的指导意见》的政策文件和相关指导意见，国有企业和政府投资项目原则上需要配备由工程总承包（EPC）项目经理作为总负责人的EPC工程总承包管理团队进行工程总承包工程建设实施。配备以全过程工程项目管理师和全过程工程咨询项目经理（全过程工程总咨询师）作为总咨询师的全过程工程咨询服务团队，来为业主和EPC工程总承包项目提供各阶段咨询和项目全过程管理服务。较传统承包模式而言，EPC总承包模式具有以下三个方面基本优势：**一是强调和充分发挥设计在整个工程建设过程中的主导作用**。对设计在整个工程建设过程中的主导作用的强调和发挥，有利于工程项目建设整体方案的不断优化。**二是有效克服设计、采购、施工相互制约和相**

互脱节的矛盾。这有利于设计、采购、施工各阶段工作的合理衔接，有效实现建设项目的进度、成本和质量控制符合建设工程承包合同约定，确保获得较好的投资效益。**三是建设工程质量责任主体明确**。这有利于追究工程质量责任和确定工程质量责任的承担人。

（二）IO-EPC（Invest Operation-EPC）模式

一体化改造管理模式（IO-EPC），即实施规划设计、施工投资、运营管理一体化模式，做到整体性设计、专业性改造和规范性运营一体化推进。通过小区的运营管理获得投资收益，主要方式：

1. 资产保值增值。房地产开发企业对改造项目进行统筹规划、科学改造，负责改造项目的全过程管理和投入收益分配。征收小区中空置房源及相关配套设施，进行提升改造后通过经营、租赁、出售等方式，实现房屋保值增值和部分收益。

2. 基础设施扩建。要充分利用“改、建、运”市场模式，使改造主体能在改造后产生收益和现金流，通过国家政策性银行的金融产品支持，吸引大型企业及组织投入老旧小区改造行业。**一是老旧小区改造要连片改造、设施共享**。合理拓展改造实施单元，推进相邻小区及周边地区联动改造，加强片区服务设施、公共空间共建共享。通过拆除违法建设、整理乱堆乱放区域等方式获得用地，利用小区周边空地、荒地、闲置地及绿地等增建服务设施。**二是规划先行，科学布局**。连片改造区域科学规划，对旧片区内原有闲置厂房、锅炉房、其他用房及区域内的危旧房屋、非成套住宅拆迁重建，合理增建社区服务中心、养老托幼服务等配套设施，促进存量资源整合利用。**三是采用 EPC 模式，确定投资运营主体**。由投资人约定的投融资平台公司和第三方企业组成联合体，引入社会资本与政府的相关平台公司组建 PPP 项目公司，由 PPP 项目公司负责项目的资金筹措，同时负责项目的投融资管理和建设管理工作，直至项目竣工验收后移交给业主。业主授权运营、管理特许经营权。

3. 社区经营管理。《住房和城乡建设部等部门关于加强和改进住宅物业管理工作的通知》（建房规〔2020〕10 号）提出：推动发展生活服务业，提升物业管理水平。**一是建立全民康养保健服务体系**。打造全民康养的基层医疗体系，促进基本健康服务全覆盖，居家养老助残服务全覆盖，满足多元化健康需求。建立社区居民健康电子档案，实现健康监测零距离。同时，医生直接开药的方式也会有力地将社区药房结合其中。**二是建立社区教育保育体系**。发展社区教育，服务社区全人群教育需求，构建“终身学习”教育场景，提供“家长无忧”托育服务、“普惠共享”优质教育资源、“一站集成”素质拓展教育，营造“人人为师”共享终身学习的环境。解决托育难、入幼难，课外教育渠道有限，优质教育资源稀缺，覆盖人群少等痛点。同时，也可以优先组织培训本社区附近的待业人员，解决部分待业人员的就业难题。**三是建立居家综合服务体系**。目前老旧小区中有大量的居民需求尚未得到满足，比如家电维修、汽车养护、家政服务、垃圾分类、跑腿代办、快递超市、宠物照料、房屋中介、家居家装、共享超市等，市场的供给都是不充分的。

（三）CBC（Construction Benefit Compensation）模式

利益补偿模式（CBC），是指当项目的回报与投资不能平衡时，通过其他项目捆绑或者其他方式给予补偿的建设运营模式。城镇老旧小区没有存量资源可利用的条件下，应把老旧小区改造放在城市更新行动的大盘子中统筹考虑、统筹推进，建立与更新改造相适应的政策机制。

1. 旧改与危改相结合。老旧小区改造应与小区危房改造相结合，利用对小区内危房的改建扩建，提高土地利用率，增加社区公共服务功能，为改造创造经济收益。在满足现有国家强制性标准前提下，适当放宽容积率、绿化率等指标，增建地上、地下建筑面积，进行合理限价售租。

2. 旧改与棚改相结合。老旧小区改造与棚户区改造有机结合。旧改与棚改统筹推进，把旧改的投资通过棚改来补偿。棚改项目规划设计应统筹考虑用地与建筑、配套与设施、功能与收益，推动旧改与棚改有序协调发展。

3. 旧改与新建相结合。新建居住区与旧改捆绑，建立土地出让与老旧小区改造挂钩机制，在土地出让方案中将参与老旧小区改造列为土地出让条件，推动新建与旧改联动发展。

第四部分

考察报告与启示

22 瑞士、德国住宅建设与建筑节能工作启示[①]

2010年11月15～24日，住房和城乡建设部住宅产业化促进中心建筑节能考察团一行6人，对瑞士、德国部分城市新建和既有居住建筑改造技术及政策理论、居住建筑能源效率管理及能源标准、居住建筑节能技术、可持续建筑技术等进行了考察。考察团分别与瑞士联邦水生科学与技术研究院、德国纽伦堡市能源署、德中经贸中心等机构进行深入广泛的交流，并实地考察了瑞士EAWAG持续建筑实验楼、瑞士保障性住宅小区、纽伦堡商业大厦的节能设计与施工、纽伦堡新建住宅小区、节能改造后的既有住宅小区等项目。考察团通过交流与考察，一致认为德国乃至欧洲建筑技术研究具有一定的超前性和实用性，对建筑节能及环境保护意识重视程度较高，建筑节能技术及政策配套较完善，形成了政府主导、市场运作、企业主动、消费者认可的良性运行机制，值得我们学习和借鉴。

一、考察工作的基本情况

考察团分别考察了欧洲联合国总部瑞士日内瓦、瑞士首都伯尔尼、瑞士中古首都卢塞恩、瑞士联邦最大城市苏黎世、德国的第二大金融中心慕尼黑、欧洲的经济中心纽伦堡等城市的住宅建设及建筑技术发展。

在瑞士期间，重点考察了保障性住房建设情况、瑞士可持续建筑的建设及

① 本文刊登于《住宅产业》2011年第2期、第3期。

水环境的治理和保护等。瑞士在解决中低收入人群住房难的问题上，有着许多合理而有效的做法。以日内瓦为例，首先是在城市郊区大量建造廉租房。与许多欧洲国家一样，瑞士人也以租房为主。瑞士人的平均工资为每月 5800 瑞郎，相当于 3.5 万元人民币。日内瓦的一套面积约为 $100m^2$ 的公寓，每月租金约为 3500 瑞郎，相当于人民币约 2 万元，这个房租对于中低收入家庭来说也有一定困难。为了解决这部分人的住房问题，政府在距离市中心约 10km 左右的城市郊区规划了大片的廉租房建设，这些小区的建筑大多是 20 层左右的高密度塔楼，户型都在 $100m^2$ 左右，月租金在 1200～1500 瑞郎，比城区的低密度的板楼公寓要便宜一半。其次是瑞士政府要求高中低收入阶层混合居住，不刻意划分富人区、穷人区，鼓励社会融合。用作廉租房的公寓虽然房子面积和内部设施与商品住房一模一样，但租金只要 2200 瑞郎，比正常出租房便宜了一半。再次是瑞士房地产大多是社保基金、知名大企业开发的，房子也是只租不卖，使瑞士的房地产市场处于平稳发展的状态。

瑞士联邦水科学与技术研究所是水资源和水环境保护领域世界顶级研究机构，汇集了该领域许多知名科学家，在全球享有盛誉，专门从事水处理及与水环境有关的研究工作。在该办公区建设了一栋可持续建筑实验楼，该楼采用多项节能技术，如保温、自然采光、自然通风、太阳能利用、减少废弃物污染、利用建筑产生的余热、屋顶绿化技术等。由于大楼气密性做得好，整个大楼无暖气系统也能保持 26℃，很少需要辅助供热，主要利用建筑内的人和设备运转产生的热量满足热负荷需求，其他补充热量最多只需 20%，通过太阳能等来实现。该实验楼还采用了雨水收集技术及卫生间废水干湿处理技术，实行水、物分类处理并利用，具有重要的环保意义。瑞士联邦非常重视环境保护和可持续发展，在水环境治理和保护方面取得显著成效。苏黎世是瑞士最大也是欧洲最富有的城市，苏黎世又是一座节约型和环境友好型城市。它虽然经济实力很强，人均 GDP 达 5 万多美元，市民收入很高，但仍非常注意节约使用土地、能源，减少消耗。政府、议会所使用的办公楼都是具有上百年历史的意大利文艺复兴风格的老建筑，政府的一楼大厅也利用作为科技讲座、研讨会的场地，使用率很高。40 年前，苏黎世湖曾因工业发展成为污染重灾区，不能游泳，水质也很差，瑞士人花了30年时间进行治理。时至今日，我们从湖畔看过去，湖水清澈见底，游鱼成群，白天鹅、黑头鸭、鸳鸯畅游其中，不禁令人感佩瑞士人对环境的热爱和执著。瑞士第一个立法就是保护水的法案，它遵循的一个原则是：谁污染谁付费。从20世纪初，苏黎世每一幢居民房屋都与污水系统连接，此后每一幢新建筑，也与排水系统连接在一起，污水处理率达到100%。

在德国期间重点考察了纽伦堡地区新建住宅及既有住宅改造建设情况、纽伦堡商业大厦的节能建筑技术应用等。德国的新建住宅工业化程度较高，施工现场设备比工人多，而且工人都为多技能人才，开完运输车再操作施工机械设备，施工效率高，从未看到加班加点进行施工的场面。新建建筑必须按照新的节能标准设计、建设。从新建建筑实景看，不论是公共建筑还是居住建筑，除做好基本的外保温隔热、新能源利用之外，还重视建筑外遮阳、室内共热控制技术等的应用。重视对既有建筑的维护和改造，几乎没有大拆大建现象。德国《建筑法》将1985年以前建造的房屋称作既有建筑，目前德国的既有建筑占建筑总量的95%以上，对它们进行节能改造，对降低整个建筑能耗具有显著的作用。一般说来，住宅的寿命为80～100年，住宅内暖气、空调等技术设备的寿命是15年，且技术设备的发展非常迅速，因此在进行节能改造时，建筑师们一般都把注意力放在外围护结构的节能改造上。一般外围护结构的改造需要更换窗户、外墙，做保温系统，重新修整屋顶，重新改造暖气管道，有条件的还增加太阳能装置、外遮阳装置及热量控制，也有的把雨水收集在屋顶的阁楼上，用来浇花和冲厕。经改造后的建筑能耗降低率一般能达到90%，改造费用在600～1200欧元/m^2。在德国很多城市100年甚至房龄更长的建筑随处可见。纽伦堡商业大厦是当地的标志性建筑，其标志性不仅体现在建筑的规模、建筑形态上，更体现在节能环保技术的应用上。项目的建设遵循从设计、施工、运营及拆除全过程、全寿命的建设理念，综合考虑技术、产品的选择及应用。其核心技术概括为：**一是外墙体系**。采用复合双层玻璃外墙体系，设置中空隔离空间并加设百叶装置，通过温控和光感装置随室内温度及光度变化自动调节。**二是采暖制冷系统**。采用毛细管技术，通过冷热水调节室内温度，水温控制利用峰谷电智能控制。**三是新风系统**。通过统一空气净化和冷热回收处理后送入室内。**四是水处理系统**。包括中水处理和雨水收集，建设8000m^3的储水池，用于冲厕、消防用水等。**五是智能控制系统**。除传统的管理控制外，其突出特点是对室内温度、灯光、自然采光（过道采光通过内墙上的玻璃格）、通风等物理环境随着室内外变化自动调节和控制。

二、欧盟及德国居住建筑建设及技术经济政策

德国作为欧盟成员国，按照欧盟的统一行动实施环境保护政策。1990年欧洲会议创立之初，欧洲委员会发表了《城市环境绿皮书》，其中的重要条款之一，就是要把环保因素融入城市规划、交通运输、遗址保护、建筑设计、能源管理、垃圾管理和社会立法等各方面的政策中。环境保护和可持续发展是欧盟（EU）关注的重要领域，发布了大量的指令，并启动了各种研究资助计划，以确保在考虑了所有环境因素的前提下，提高人们的生活质量。欧盟法律尊奉的两个重要原则，改变了客户和专业指导人员在环境污染问题上的关系。第一条是“谁污染谁赔偿”原则，意味着客户和建筑师有可能受到第三方的指控。如果没有使用最完美的环保知识和技能，特定产品的制造者以及建筑设计和施工方就面临被遭受损失的第三方告上法庭的风险。第二条重要原则是，污染应当首先从源头上加以制止，而不是事后再采取防治措施。欧盟在建筑节能减排方面，从产品生产、建筑设计、施工管理、建筑运行维护等全方位制定了有效的法规，规范了建设各个环节的行为。如：《建筑产品指令》（89/106/EEC）、《建筑师指令》（85/384/EEC）、《公共建设工程指令》（89/440/EEC）等。这些法规在节能减排方面的要求主要是：建筑产品或材料应具有机械抵抗力和稳定性；安全防火；卫生、健康和环保；使用中的安全；防止噪声；节约能源和保存热量。对建筑设计者而言，要最大限度地使用可再生能源，特别是太阳能和风能；建筑可以自我遮蔽，但不要相互遮挡阳光；设计时尽量采用高效的热质，而不要使用轻型结构；栽种植物来改善建筑四周的微气候；建筑的进深不要太大，如果做不到，就应当修建天井，利用天井来促进以烟囱效应为基础的自然通风；应当设计长寿命的建筑，并且减少矿物燃料的使用；维持建筑的保

温效果；对建筑尽量加以利用，而不是重新建设；改善保温效果，使其远远高于法定的最低标准；建筑高度尽量不要太高；使用自然方式照明、通风和制冷；减少建筑设备的使用，以避免对健康和安全造成危害等。对设计、施工和建筑设备材料的要求：使用当地生产的材料；使用生产时环境成本较低的材料，例如石头和木材；考虑“从摇篮到坟墓”的能量消耗，即全寿命周期的能耗；不使用来自热带雨林的硬木；不使用含有氯氟烃或者卤代烷的材料；使用节能的照明设备；使用可以拆解和重装的方法；使用钢结构而不是现场浇筑的混凝土结构；使用天然而不是合成的材料等。在欧盟统一指令下，欧洲各成员国结合各国的实际情况采取了一系列有效措施，推进节能减排、保护环境的工作。

德国建筑节能体系及技术在欧洲乃至全世界都处于领先地位，建筑节能技术的研究与应用，不仅出于经济利益上的考虑，也是为了从根本上减少二氧化碳等气体排放，减少全球范围内的温室效应。德国的天然气主要来自俄罗斯，石油主要依靠中东地区进口，德国对能源问题的主要忧虑首先是价格不断提高。据统计，2000～2007 年在消费指数涨幅 110%的情况下，电力、天然气、柴油与重油涨幅分别为 130% 、145%、150%，并随着社会经济的发展，还有继续增长的趋势。地球温度上升导致海平面上升，气候变化导致自然灾害，按照目前的状况，100 年后英国伦敦部分地区可能会被海水淹没。德国是欧洲温室气体排放量较大的国家之一，1990～2006 年温室气体排放量降低了 20%。德国在建筑节能方面采取了一些技术和经济措施。在技术方面：**一是积极推广热电联供技术**。热电联供技术比分别供热、供电在效率上提高 60%。**二是大力推广太阳能光电、光热技术**。在新建和改建建筑中积极推广太阳能利用技术。**三是做好建筑物节能降耗**。通过建筑物外围护，包括外墙、屋面、地面、门窗一体化的保温隔热节能技术体系，节约能源，减少能耗。通过温度控制技术，准确控制室内温度，并通过热计量表实现按照热量实际消耗收取供暖费用。据测算，每降低 1℃可节能 6%左右。在技术经济政策方面：**一是颁布新的节能法规，强化住宅节能技术的基础研究及推广**。德国颁布了《可再生能源法》《热电联供法》《联邦建筑物修缮条例》《环保咨询计划》等，规定和鼓励节能减排，同时，德国对提高能效给予一系列激励措施，国家复兴银行对中小企业提高能效的初步咨询以80%的资助，给详细咨询以60%的资助，并提供利率优惠贷款。对建筑节能改造、新技术研究利用等给予资助和鼓励。如：一台10千瓦的热电联供装置的一次性补助最多可达8750欧元；光伏发电上网电价最高可达45.7欧分/kWh；采用大型生物质燃烧炉，给予每千瓦20欧元的购置补贴（最多5万欧元）等。还通过实施示范工程建设，引导建筑节能和新技术推广。在实施中确有困难时，政府会采取有效措施，给予指导、支持和监督，经济上还有政策优惠和补贴等。**二是不断调整完善建筑节能标准**。20世纪50年代德国建筑的技术标准首次引入了露点概念，要求住宅建设过程中要采取措施防止发生霉变、结露，但尚未提到节能问题；1985年的技术标准对墙壁、屋顶（窗户）、地板、通风设施的保温性能提出了要求，能耗指标为≤300kWh/m^2·年；1995年的技术标准要求对整个建筑物的性能进行测算，能耗指标修改为≤250kWh/m^2·年；2001年起对取暖设施加以关注和评价，如采用烧油还是利用太阳能进行采暖；2002年开始引入建筑能耗证明，能耗指标修改为≤170kWh/m^2·年；2004年、2006年分别对节能指标进行加严修订，能源耗费标准修改为≤100kWh/m^2·年；2009年的标准更加严格，兼顾夏天制冷的情况，能耗指标修改为≤70kWh/m^2·年。德国节能规范对具体节能技术体系加以引导并提出控制要求，规定建筑最低标准的保温值；节约夏季制冷能耗，控制建筑外墙热穿透系数的最高允许值；控制建筑的气密性和通风换气量；规定住宅要有满足卫生、健康要求的通风换气量，要求有足够的开启扇面积；规定住宅建筑中尽可能避免冷桥构造；改善采暖设备和热水系统，要求所有新安装的燃油气炉，必须达到欧共体最新节能环保标准；中央供暖系统需安装循环水泵和三级以上自动调节装置，以便根据供暖需要提供相应的热水量；有供暖系统的住宅居住区，必须安装相应的自动控制系统，根据外界温度和时间因素自动调节供暖量以及自动开启和关闭；室内必须安装温度自动控制装置，以根据温度和时间自动调节供暖量。**三是实行建筑能耗定量化及建筑能耗证书系统**。新建住宅必须提供采暖所需能耗量和住宅能耗核心值，新建建筑必须出具节能范围所需求的建筑热损失计算，证明建筑每年所需的能量；分项列出所需电能、燃油、燃气、燃煤数量，制成建筑能耗计算表。目前新建住宅过程中，建筑师主要考虑墙壁保温、日照能量、窗帘位置、供暖制冷系统本身的能耗和室内照明等因素。在建筑提出申请时就要提供能耗计算结果，到审批机关进行审批，形成能耗证明，有的建筑师称其为能源护照。能耗证明上主要载明：围护结构热损耗，设备等系统损耗，CO_2 产生量。每个建筑都要有能耗证明，房屋建成后，要摆放在醒目位置上供出入的人们了解该建筑的能耗情况。能耗指标也作为既有建筑改造后得以出售和出租的条件。购租房者可以通过它来了解房屋的各种消耗，像了解汽车的油耗、冰箱的功率一样了解建筑物的能耗。能耗证明上载明的指标能够检验，业主可以委托第三方进行检验，如果检验不吻合，则双方会共同通过一些技术措施来消除误会，或通过法律途径解决问题。德国通过一系列措施推进节能减排工作，取得了显著成效。

三、考察启示

欧洲是工业化、城镇化比较发达的区域，约有 80%的人口居住在城镇。由于人口集中、水和空气污染、资源紧缺、住房条件恶化等，造成城镇环境恶化。欧洲经历了先发展、再治理，再从长计议、统筹发展的过程。我国正面临工业化、城镇化大发展时期，欧洲的很多经验值得我们学习。在住宅建设领域，瑞士保障性住房建设及德国建筑节能工作的经验和做法具有重要的借鉴意义。

1. 完善保障性住房建设标准，加大保障性住房建设。加快保障性住房建设是促进社会和谐、维护社会公平的一项重要工作，随着改革的不断深化，住房保障的任务仍将艰巨。在保障房建设步伐加快、数量逐渐增加的背景下，如何破解现实中部分保障房地理位置偏远、户型设计单一、交通不够便利、周边配套不健全等问题迫在眉睫。据有关报告指出，有的保障性住房项目因水、电、路等基础设施建设不配套，使居民迟迟不能入住；个别地方将保障性住房建在城市郊区，缺少教育、医疗、交通等设施，给居民的工作、生活、出行带来不便。尽快出台和完善保障性住房建设标准是提高住房保障效率和提高居住环境水平的重要举措。要借鉴发达国家住房保障的经验和做法，对保障性住房的建设标准提出明确要求和标准，防止粗制滥造的低品质住房重现。从我国目前大拆大建的现象看，拆迁的大部分原因是城镇规划滞后，住宅的功能不能满足现实需求。因此，保障房的建设应长远规划、统筹建设。在居住模式上，要和普通商品房混合建设，避免人为划分社会阶层，造成新的社会问题；在面积标准上，应针对不同家庭结构、消费结构等因素建设不同类型和标准的住房，以满足不同家庭结构的居住需求；在设施的配备上，应建设功能完善、配套齐全的成品住宅；在组织实施模式上，应提倡政府、企业共同参与建设和经营，为市场提供可供租用的房源。

2. 注重住宅的功能性和实用性，提高资源利用效率。从所考察的住宅项目来看，不管从建筑的造型、面积标准及小区环境等方面，除了满足建筑的安全、耐久等基本要求外，更加注重住宅的功能性和实用性，更加注重室内环境的舒适性和经济性。在住宅的造型上，简洁规整、尺度适宜，无多余的造型装饰和华丽的外立面，更没有“奇特”“面具化”的做法。在面积标准上，以实用性户型为主，力求功能合理、空间紧凑。在住宅装修上，以简洁、温馨、经济为原则，不特意追求所谓“个性化”“炫耀性”的装饰和点缀。在居住区环境营造上，体现居住环境的“自然”“安逸”“舒适”等特点，不刻意建造人造景观，更没有将住区环境城市化。在小区规划方面，小区规模小型化或采用街坊式规划理念，小区的设施配套尽可能实现小区与社会共享，避免造成城市车辆拥挤和资源的浪费。以住宅功能性和实用性为核心的住宅建设理念是建设资源节约型、环境友好型社会的基本原则。

3. 加强基础技术和关键技术研究，完善建筑节能减排技术体系。据了解，地处纽伦堡的巴州应用能源研究中心（ZAE），主要从事太阳能、热传感器和功能材料，能源应用、获取、贮存方面的研究，重点是可再生能源的研究。ZAE 设在维尔茨堡的研究所主要的研究方向是：氢能源、太阳能集热板、热传感器、建筑保温隔热系统、真空绝热、红外放射光学技术（Low-E、测量技术）、建筑得热和光分析（对流热的模拟）、纳米结构的材料（va-Q-tec 真空板）、有机太阳能技术及对整个过程的模拟等，该研究所每年可以获得 200 万欧元的研究经费。各个研究机构主攻的方向有所侧重，但都得到了相关部门的资金支持。从这点来看，德国很重视基础性和前瞻性的技术研究。我国的建筑技术及工业化、标准化技术的研究比较薄弱，主要集中在单项技术方面，缺乏基础技术、系统技术、成套技术的研究。一方面国家对基础性研究的投入不足，另一方面随着我国研究单位企业化改革发展，研究单位对基础性、公益性技术研究更是力不从心。如：适应我国国情的居住模式、日照间距、消防设施的配置；标准化、模数化理论及应用研究等。应加强建筑体系及技术、部品的标准化研究，建立和完善标准化、配套化、通用化的建筑技术体系，逐步形成标准化设计、工业化生产、机械化施工、规范化管理的新型住宅生产机制。

4. 建立有效激励机制，提高建筑节能水平。建筑技术和产品的先进性、建筑设计的合理性及施工工艺的科学性是决定建筑节能效果的关键环节。德国对建筑材料的生产在《建筑产品指令》等法令指导下，实行半强制认证制度。没有标记的产品在建筑领域会受到很多限制，企业不通过认证，就无法生存。对建筑设计人员有《建筑师指令》等法令的约束，对建筑师的素质和责任给予规定和要求；对建筑承包商有《公共建设工程指令》等法令的要求，同时对建筑物实行节能标示制度等，采取全方位措施推动建筑节能工作。我国现行做法也借鉴和学习了发达国家，建立了相应的产品认证制度、执业资格制度及工程招标投标、施工管理及节能标示制度等，但实施效果尚不明显。主要原因是全社会的节能意识、忧患意识、市场意识淡化，另外制度设计和操作有待健全和完善。尽管已建立了产品认证制度，但属于自愿性认证。建筑市场量巨大，市场对节能产品认识不够，导致好坏产品都有生存空间，挫伤了节能技术与产品的发展。设计市场的无序竞争，设计师很难发挥设计创作的主动性，只是为了生存而依附和听从于开发商的意图。对开发企业及施工企业缺乏节能目标的考核，导致有令不从、蒙混过关，影响节能工作的推进。现行的节能审查、检查及评价仅仅停留在设计构造上，缺乏对建成建筑物实体综合节能效果检测的手段。现行的节能标示依据也是依据构造和计算来确定节能的效果。住宅节能的侧重点在住宅单体，缺乏住宅小区建设施工过程及小区综合节能效果评价和验收标准。应尽快完善建筑节能实地检测的方法和标准、住宅节能评价标准、住宅节能监控和验收制度、等级及表示制度，实现住宅节能从设计计算向建筑节能实测转变，从重视设计阶段节能向住宅建设全过程转变，从重点抓单体建筑节能向抓住宅小区整体节能乃至城市整体节能转变，充分发挥节能标示制度的传导效应。对生产企业、设计师和施工企业、开发企业在投资、资质管理及荣誉方面给予支持和奖励，增强推进建筑节能的动力和合力。同时，给购买节能住宅的消费者以适当的税费优惠，引导住宅节能良性发展。

5. 加快既有建筑节能改造的步伐。德国除对新建筑实行较高节能标准外，旧房节能改造工作也卓有成效。德国政府设立了专门的基金，如 KFW 基金，用以推动旧房改造工程，以期实现提高建筑舒适度、降低建筑能耗、减少环境污染三大目标。具体行动上，德国每年投入大量资金用于住宅改造，改造内容包括增加建筑外保温设施，更换高效门窗，替换高能耗的采暖设施，通过这些维护更新方法，使德国的旧房每平方米住宅面积减少二氧化碳排放量达到 40kg/年，这样的成果得到了各界的肯定。实行旧房改造以来，德国共投入近百亿欧元低息贷款用于此项工作，各种形式的资助是旧房改造取得成功的因素。目前，我国既有建筑约 400 亿 m^2，大部分建筑达不到现行建筑节能标准要求。据有关资料介绍，2007 年城镇节能建筑面积超过 21 亿 m^2，占城镇既有建筑总量的 11.7%，既有建筑是耗能的大户。因此，加快既有建筑节能改造，是推进建筑节能工作的重要方面。对既有住宅改造不仅要研究适用技术问题，更重要的是研究投资运作模式。采暖地区建筑改造更大的难点在于供热体制的改革，让住户感受到节能改造带来的舒适性和经济性收益，能否彻底实行供热分户控制、计量收费是调动住户参与改造的主要因素。可借鉴国外的经验，建立既有建筑改造基金，采取政府主导、企业运营、用户参与的方式。引入能源合同管理模式，实行风险共担、收益共享，同时，也应研究其他经济运作模式，加快推进既有建筑的节能改造步伐，提高建筑品质和节能效率。

6. 加强舆论宣传和引导，提高全民节能意识。从德国的经验来看，建筑节能工作重在全民参与。建筑能耗最终通过广大居民的使用而产生，而大部分居民是在不了解的情况下被动地消耗能源的。因此应该加强建筑节能的宣传工作，让广大百姓了解能源的严峻形势，了解建筑节能的意义及带来的实惠，以便在房屋购买时，主动选择节能建筑，抵制高能耗建筑。充分发挥舆论和社会监督作用，对节能建筑给予广泛宣传，对高能耗建筑进行曝光和抨击，引导消费者关注住宅节能，增强全社会的节能意识，营造良好的建筑节能市场环境。

23 赴日本考察报告[①]

2017 年 11 月 20～24 日，应日本国土交通省的邀请，计划财务与外事司司长张兴野率团一行 12 人，对日本东京、大阪两地进行了访问、交流、考察活动。此次活动主要有三项内容：一是参加第二十届中日建筑住宅交流会，交流中日两国分别在住宅与建筑节能、老年人住宅、既有住宅改造、住宅质量保险及房地产市场等方面取得的新成就、新成果；二是加强中日之间建筑技术交流与合作，探索技术交流与合作长效机制；三是考察日本城市建设与旧城改造、社区养老院与老年设施建设、建筑艺术与建筑新技术等。访问期间得到了日本国土交通省住宅局、三井不动产公司、护理院西大井、UR 都市机构、积水住宅、竹中工务店、国土交通省近畿地方整备局等单位的热情接待，并进行深入细致的考察和交流，取得了一定的成效。

一、第二十届中日建筑住宅交流会的基本情况

11 月 22 日，中日两国代表团在东京三田公用会议所举行了“第二十届中日建筑住宅交流会”。以日本国土交通省住宅局长伊藤明子为团长的日本代表团有住宅局生产课、安居推进课、UR 都市机构及社团企业等机构 30 多人，以住房和城乡建设部计划财务与外事司司长张兴野为团长的中方代表团有计划财务与外事司、标准定额司、房地产市场监管司、建筑节能与科技司、科技与产业化发展中心及浙江省住房和城乡建设厅共 12 人，合计 40 余人参加了会议。两国代

① 本文刊登于《住宅产业》2018 年第 2 期、第 3 期。

表团团长分别简要介绍了两国在住宅建设领域的新成就及面临的新问题。双方一致认为，此次交流活动正值中日建交45周年之际，中日城乡建设领域面临着建筑节能、老龄化住宅、旧城改造、品质保证等共同问题，会议对加强双方的技术交流与合作，促进共同发展具有重要的意义。日方分别就“住宅与建筑物节能措施的最新动向”“有关老人的住房措施”“UR住宅改修工作”“住宅工程质量保险”等主题作了介绍和交流、中方就“住宅和建筑节能”“浙江省推进绿色建筑发展情况介绍”“老龄化住宅”“既有居住建筑改造更新现状与发展”“中国房地产市场发展基本情况”等主题作了介绍和交流。会议在热烈、和谐、友好的气氛中进行，针对每项主题双方代表就各自所关心的问题都进行了深入细致的讨论，取得了良好效果，达到了预期目标。正如中方代表团团长张兴野司长所总结的：此次会议准备充足、内容新颖、信息量大、会议效率高，通过会议交流，开阔了视野、加深了了解、增进了友谊，是一次成功、圆满、高效的会议。日方代表团团长伊藤明子也肯定了会议取得的丰硕成果，并在晚宴会上与未到会的日方人员分享了张兴野司长对会议成果的高度评价。双方一致表示，下届中日建筑住宅交流会将在中国举行，双方继续加强交流与合作，共建学习与借鉴、合作与发展平台，促进双方住宅与建筑事业健康发展。

二、日本的经验与做法

日本国土面积37.8万km^2（面积略小于中国云南省），人口1.26亿。日本矿产资源极端贫乏，现代大工业生产所需的主要原料、燃料，绝大部分依赖进口。日本原材料和能源的对外依赖度为84%，是世界第一资源、能源进口大国。日本粮食不能自给，主要以水产品为主食。日本水产资源很丰富，渔业和水产养殖业十分发达。在资源匮乏的条件下，成功地走出一条工业化、信息化、城镇化和农业现代化的协同发展之路，实现了经济快速腾飞，主要依靠理念创新、技术创新、机制创新，实现社会经济全面发展。在住房和城乡建设领域，尤其在建筑节能、老龄化住宅、旧城区改造及住宅质量保证等方面有先进的经验和做法。

（一）住宅与建筑物节能

日本建筑与住宅领域的能源消耗逐年增加，2015 年与 1990 年能耗相比约增加 25%，目前占全社会能耗总量的 1/3。面对能源消耗不断增加，日本政府提出必须强化建筑物的节能措施。在全球变暖对策推进的《日本约定草案》中提出 2030 年度较 2013 年度减排 26.0%的目标，制定了《全球变暖对策计划》（2016 年 5 月日本内阁通过），提出了各行业明确的减排目标（表 1），并完善强化了一系列法规措施，加大了建筑节能的工作力度。日本在建筑节能减排方面采取了一系列的措施。

日本各部门能源消费起源的 CO_2 减排量目标 **表 1**

年度		2013 年度实际	2030 年度排放量目标	（参考）减排率
能源起源的 CO_2		1235	927	−25%
各部门	产业部门	429	401	−7%
	业务其他部门	279	168	−40%
	家庭部门	201	122	−39%
	运输部门	225	163	−28%
	能源转换部门	101	73	−28%

注：温室效应气体，除了上述能源起源的 CO_2 之外，还有非能源起源的 CO_2、一氧化二氮、甲烷等，所有这些温室效应气体的总削减目标为−26.0%。

1. 制度保障。鉴于建筑物的能源消耗大幅增加，为了提高建筑物的能源消费性能，设立了一系列节能措施，规定了能源消费性能标准，设置了提高能源消费性计划的认定制度等。

一是制定节能法规。日本 1979 年就制定了《节能法》，对建筑物的节能提出具体要求，并分别于 2003、2006、2009、2010 年相继修订完善《节能法》，并不断提高节能要求。2017 年制定了《建筑物节能法》（平成年法律第 53 号），分别提出管制措施和激励措施。1980 年制定了《节能标准》，1992 年修订了强化版《住宅节能标准》，1993 年修订强化版《非住宅类建筑节能标准》，分别于 1999、2013、2016 年多次修订。2013 年提出了一次性能源消费标准，不断提高建筑节能要求，推进建筑节能工作发展。同时，日本国土交通大臣制定了建筑节能的相关规定和政令，对建筑业主的权利、义务及要求提出明确规定。规定要求凡 2000m² 以上非住宅新建建筑物必须执行《非住宅类建筑节能标准》。是否达到节能标准的要求由行政主管机关或注册判定机关评定，判定合格后建筑物方可开工建设，验收合格后才能投入使用(图 1)。对于 300m² 以上其他新建、改建建筑物（特定建筑物除外）必须向行政主管部门提交节能计划备案，对不符合节能标准要求的项目，主管部门根据需要发布指示和命令。对于独栋住宅，实行住宅领跑者制度。要求住宅建筑开发商制定建造出售的独栋住宅节能性能标准（住宅引导性标准），引导其提高节能性能，对于一定规模（政令规定 150 户）不符合先进性节能标准的项目，大臣根据需要进行劝告、通报和命令。对达到节能标准的项目，得到认定后，通过表示制度公布于众。为了提高节能性能认定，还制定了容积率奖励制度。

二是建立建筑节能性能表示制度。2000 年制定了《住宅品质确保促进法》，确定了住宅性能表示制度，规定对“保温隔热环境性能”所包含的九方面性能实行信息表示。2001 年制定了《建筑环境综合性能评价系统》（CAS-

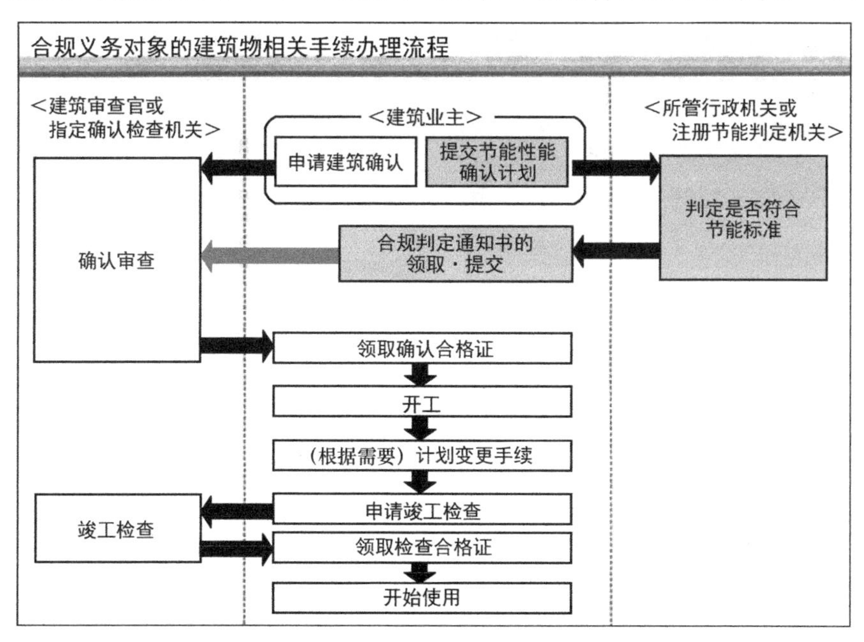

图 1　建筑节能判定流程

BEE)。2009 年修订的《节能法》明确了住宅节能标识工作。2004 年建立了建筑物节能性能表示制度（BELS），2016 年开始对住宅实行 BELS 制度。2016 年《建筑物节能法》对建筑物节能性能认定、表示作出了相关规定，该法第 7 条规定：建筑业主以及从事其他建筑或租赁的经营者，必须就其销售或租赁的建筑的能源消费性能（节能性能）予以表示。节能表示制度要求对房屋开发主体的项目由第三方认证机关进行认定，认定的等级分 1～5 星，认定通过后颁发标识(图 2)，具体标准见表 2。

非住宅

集合住宅

图 2　BELS 星级标识

BELS 星级标准　　　　**表 2**

星级	非住宅用途 1 （事务所、学校、工厂等）	非住宅用途 2 （酒店、医院、商铺、饮食店、会所等）	住宅
五星	0.6 （720MJ/m^2・年）	0.7 （840MJ/m^2・年）	0.8 （396MJ/m^2・年）

续表

星级	非住宅用途1（事务所、学校、工厂等）	非住宅用途2（酒店、医院、商铺、饮食店、会所等）	住宅
四星	0.7 (840MJ/m²・年)	0.75 (900MJ/m²・年)	0.85 (421MJ/m²・年)
三星（诱导基准）	0.8 (960MJ/m²・年)	0.8 (960MJ/m²・年)	0.9 (446MJ/m²・年)
二星（节能基准）	1.0 (1200MJ/m²・年)	1.0 (1200MJ/m²・年)	1.0 (495MJ/m²・年)
一星	1.1 (1320MJ/m²・年)	1.1 (1320MJ/m²・年)	1.1 (545MJ/m²・年)

注：1. 表中的数字是BEI的数值（括号内为绝对能耗值）；

$$BEI=\frac{\text{设计一次能源消耗量(办公设备和家电除外)}}{\text{基准一次能源消耗量(办公设备和家电除外)}}$$

2. 一星级评价对象仅为既存住宅和建筑物。

三是建立激励机制。为促进节能事业发展，政府在融资、补助、税费、容积率等方面给予鼓励。在融资方面，提供住宅贷款的利息优惠措施(Flat35s)；在支援补助方面，从2008年开始先后制定了可持续性建筑先导事业、现有建筑物节能化推进事业、住宅零能耗能源化推进事业、长期优质住宅化改装推进事业、智能安康住宅推进事业、地域型住宅绿化事业、住宅节能积分、节能住宅积分及住宅储能循环支援事业发展计划，政府制定国家预算来支持企业开展建筑节能事业发展。在税费方面，从2008年开始分别依据《节能改装促进税制》《长期优质住宅的普及及促进相关法律》，在所得税、规定资产税等方面予以优惠，《都市低碳化促进相关法律》在所得税方面予以鼓励，《建筑物的节能投资促进税制》《中小企业经营强化税制》在法人税方面给予减免，在其他税费方面制定了建筑节能奖励激励措施。在容积率奖励方面，依据《都市低碳化促进相关法律》《建筑物节能法》等法律给予容积率奖励。具体条文规定是：用于提高节能性能的设备，超过通常建筑物的占地面积部分，不算入超出通常建筑物的楼面面积（10%为上限）。

2. 示范引领。通过可持续性建筑示范工程、既有建筑节能改造示范工程、低碳住宅示范工程、零能耗住宅示范工程（独栋住宅）等，建设示范样板，引导建筑节能事业发展。

一是可持续示范工程。主要依靠应用节能减排 CO_2 技术达到低碳化、健康、安全、舒适并满足老年化住宅需求的目标。为了推进示范工程建设，政府给予总工程费用5%或10亿日元（两者以金额最少为上限）的奖励，2017年度预算103.57亿日元用于资助，建成了一批具有优秀节能减排 CO_2 技术的示范工程，引导了可持续建筑的发展。可持续建筑示范工程技术集成见图3。

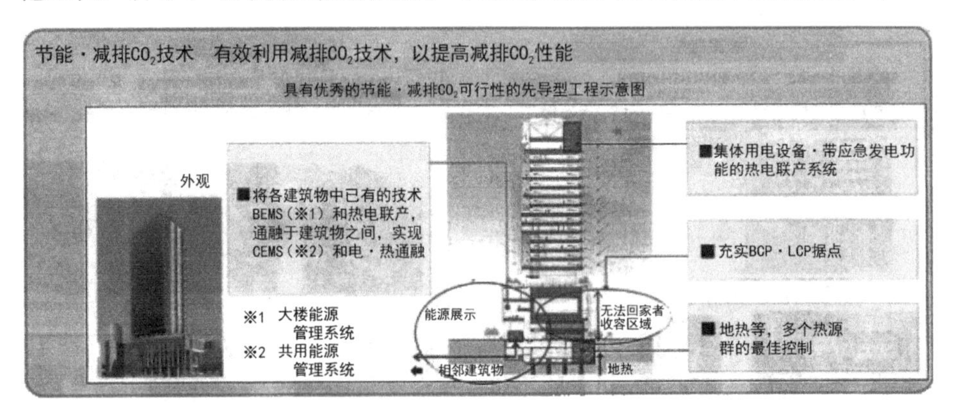

图3　可持续建筑示范工程技术集成示意图

二是既有建筑节能改造示范工程。竹中工务店东关东支店节能改造示范项目，用被动和主动技术相结合，实现近零能耗改造（ZEB化），通过BELS五星认证。所用技术及效果见图4。

图4　竹中工务店东关东支店改造

三是低碳住宅示范工程。大阪府晴美台项目利用考虑风向的被动设计、分布式太阳能发电和多重蓄电设备、保温隔热与节能设备等新技术应用（图 5、图 6），在 2015 年 92%的住户已实现了近零能耗住宅（ZEH），一次能源产出量除以一次能源消耗量得出的 ZEH 率达 124.79%。

· 用节能设备和产能设备，实现各住宅单体的净值 · 零 · 能源 · 住宅。
· 锂离子蓄电池，为能源需要的错峰作出贡献。
· HEMS使能源状况实时可视化，并安装了履历显示、节能建议、空调的遥控功能。

■改进绝热规范

■家用燃料电池ENE-FARM（部分宅地）

■太阳能发电系统

图 5 各种节能措施

图 6 低碳住宅示范工程：晴美台（大阪府）

四是零能耗住宅示范工程。主要针对独栋住宅，通过提高住宅构造、设备的节能性能，利用可再生能源等措施，全年一次能源消耗量的净值近乎为零（图 7）。对于 ZEH 项目，资源能源厅、国土交通省等部门给予资助，还可利用 Flat35s 融资和享受税费优惠政策。《全球变暖对策计划》（2016 年 5 月日本

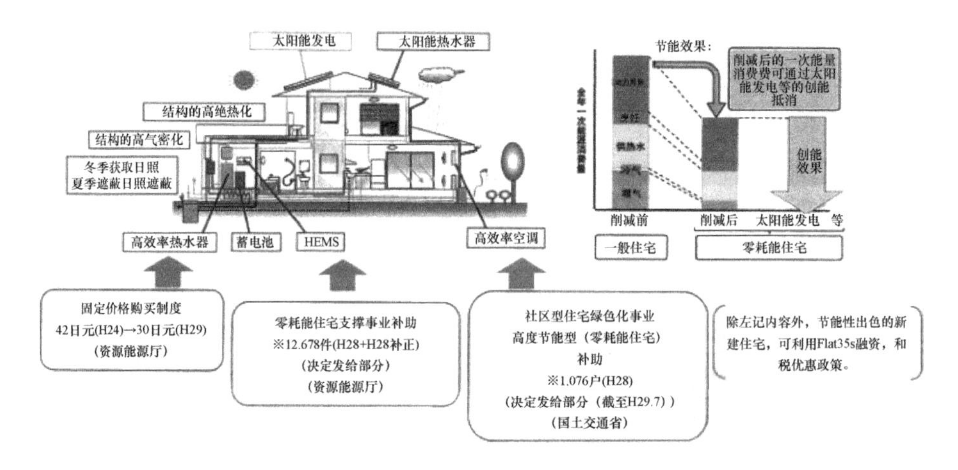

图7 零能耗住宅示范工程

内阁通过）提出，力争在2020年前，住宅建造者等新建的定制独栋住宅50%以上为ZEH。

3. 宣传引导。通过推进智能安康住宅等推进事业，对节能住宅的住户开展健康调查，通过比较节能与未节能的健康状况，调查检验节能给住户健康带来的效果，并通过多种方式普及宣传节能住宅给住户带来健康的效果，提高市场对节能住宅的普遍认同和青睐。

（二）老年人住宅建设与管理

日本人口2008年达到峰值1.28亿，之后总人口逐年呈减少趋势，劳动年龄人口（15～65岁）逐渐减少，2014年65岁以上人口占总人口26.0%左右，预计2040年65岁老人到达高峰，将超过40%。日本从20世纪70年代就已进入老龄社会，是世界上老龄化最严重的国家，日本在养老住宅建设及政策方面积累了很多好的经验和做法。

1. 老年人住宅的变迁。战后日本住宅严重短缺，主要通过自住房政策和公共型租赁解决住房问题，当时的条件很难为住户提供无障碍的可供老年人养老的住宅。随着经济发展，新建公共租赁住宅增加了硬件和软件措施，以满足老年人的居住需求。通过《住宅建设计划法》（1966年）、《居住生活基本法》（2006年）、《老年人居所法》（2011年）等法律法规的实施，逐渐建立起以地方公共团体提供管理的公营住宅、利用民营机构认定特定优良租赁住宅（面向老人的优良租赁住宅）和支援民营注册安全网住宅（带服务的老人住宅）等多层次的老年人住房供应体系。1987 年以前建设的是带有护理和医疗等全部服务设施的老人专用疗养院。在借鉴丹麦经验之后，从 1988 年开始修建带护理服务的老人住宅，即护理与住宅的分离，让需要介护的老年人感觉不是住院而是“搬家”，继续在习惯的环境中生活，保持原有生活方式不变。经过多年的探索实践，基本形成了以民营带服务的住宅为主、公营住宅为补充的养老住房格局（图 8）。

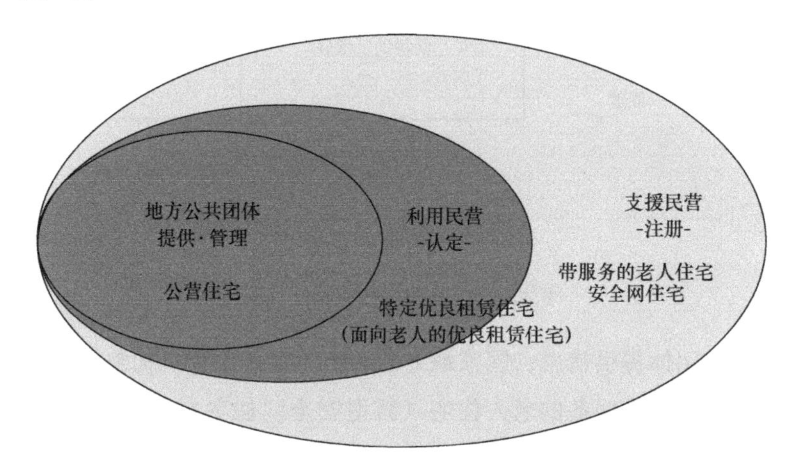

图 8　多层次带服务的老年人住宅格局

2. 多层次老年人住宅基本情况。老年人住宅分三种类型：**一是地方公共团体的公营住宅**。主体是地方公共团体提供和管理，通过购买或征借民营整修好的住宅，国家给予地方公共团体整修费和房租补助（法定补助），提供适合老人生活养老的公营住宅和由生活援助员（LSA）进行日常生活支援服务的住宅（图 9）。养老硬件设施由住宅行政主管部门负责，日常生活服务由福祉行政主管部门负责。自 1988 年开始到 2016 年 3 月已有 952 个小区，24836 户。**二是民营住宅**。民营住宅分两种，一种是由民营机构提供管理，地方公共团体认定，国家和地方公共团体给予民营机构整修费和房租补助（法定补助）的特定优良租赁住宅等（西大井属于这种类型）。**三是民营机构向地方公共团体注**

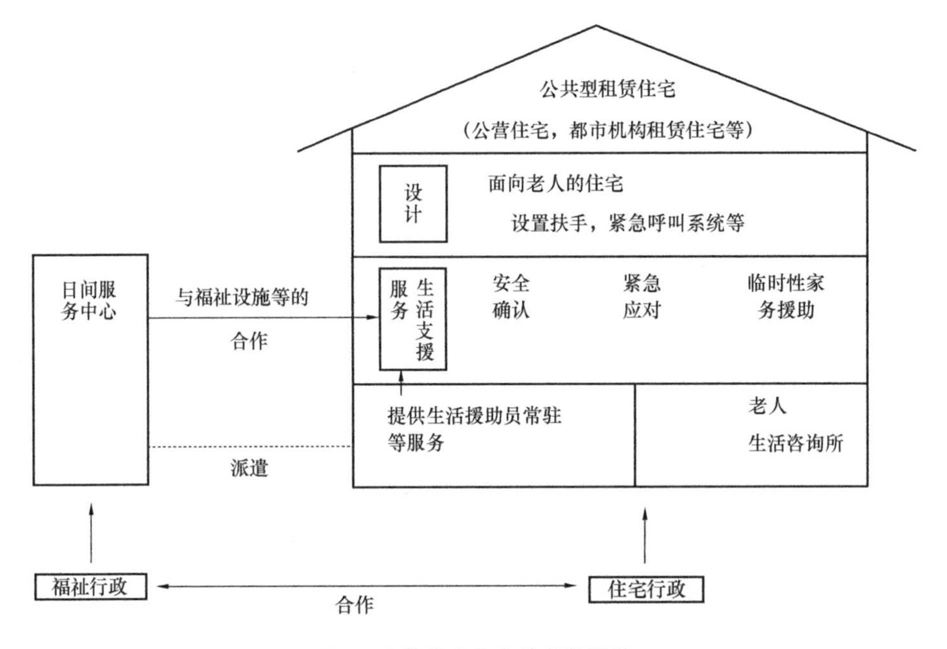

图 9　公营老人住宅软硬件设施

册，地方公共团体提供信息，国家地方公共团体给予民营机构整修费、房租补助（法定补助）的带服务的老人住宅（新型安全网住宅）。民营注册住宅政策支援由民营机构向地方公共团体注册，注册的目的是要保证硬件（抗震性能、居住面积、设施设备、无障碍等；软件包括租赁合同、房租等）达一定水平，将这些信息公开以便公众选择，注册成功后，政府给予支援整修费（补助、公家融资优惠、税费减免等）。日常护理通过构建互助型社区护理体系来运行，包括护理预防和生活支援，互助型体系模式分自助、互助、共助、公助，经费来源有保险、公费、自费等多种形式（图 10）。截至 2017 年 3 月，带服务的老人住宅达到 22 万户。

3. 老人住宅登记制度。对于满足老年人和住户实施生活支援等标准的住宅（带服务的老人住宅），都道府县等予以登记。居住者可以根据经营者公布的费用和服务内容等住宅信息，选择适合自己需求的住宅。登记标准见表 3。入住的条件：60 岁以上或需要支援、护理的认定者。截至 2017 年 3 月底登记

自助：·护理保险·医疗保险的个人负担部分
·购买市场服务
·靠自己和家属应对

互助：·费用负担缺乏制度性保障的志愿者等的支援，社区居民的配合

共助：·由护理保险·医疗保险制度支付

公助：·护理保险·医疗保险的公费（税金）部分
·地方政府等提供的服务

图 10 互助型社区护理体系

户数 22 万户，栋数 6633 栋。

登记标准 表 3

硬件	○ 楼面面积原则上为 25m^2 以上 ○ 结构·设备须满足一定标准 ○ 须为无障碍结构（走廊宽幅、解消台阶、设置扶手）
服务	○ 必有服务：安全确认服务·生活咨询服务 ※其他服务之例：提供膳食、援助清扫·洗涤等家务
合同内容	○ 必须有经营者不得以长期住院为理由单方面解约等谋求居住安定的内容 ○ 不得征收押金、房租、服务对价以外费用

4. 老人住宅的面积与入住费用。住户面积主要以 18～40m^2 为主，平均 22m^2，各种户型面积所占比例：18m^2（含）以下、18～20m^2（含）、20～25m^2（含）、25～30m^2（含）、30～35m^2（含）、35～40m^2（含）、40m^2 以上分别为 0.1%、61.6%、15.1%、14.5%、2.8%、2.1%、3.8%。带服务的老人住宅入住费用因区域不同价格会有所区别。大城市平均月额 11.9 万日元，地方月额 8.9 万日元，全国平均月额 10.1 万日元。

5. 日本老年人住宅发展新举措。2017 年 4 月颁布《住宅安全网法》，大力发展新型安全网住宅，推进共助型（老人、育儿家庭、学生）、面向外国留学生、面向单亲家庭的共同居住住房，确保老年人居住需求，促进老龄化事业的发展。新住宅安全网制度加大了对老年人住宅的供给和对入住者的经济支援力度。积极鼓励建设老年人住宅或将既有建筑（空置房）改造成老年住宅，国家和地方公共团体以改建费用补助、房租低廉化补助、改建费融资支援、房租债务保证金补助等名目对建设方给予经济援助（图 11～图 13）。日本正在研究低收入者老人、非老人但需要介护者的住房需求及提高费用负担能力等问题，不断提高养老事业的管理水平和质量。

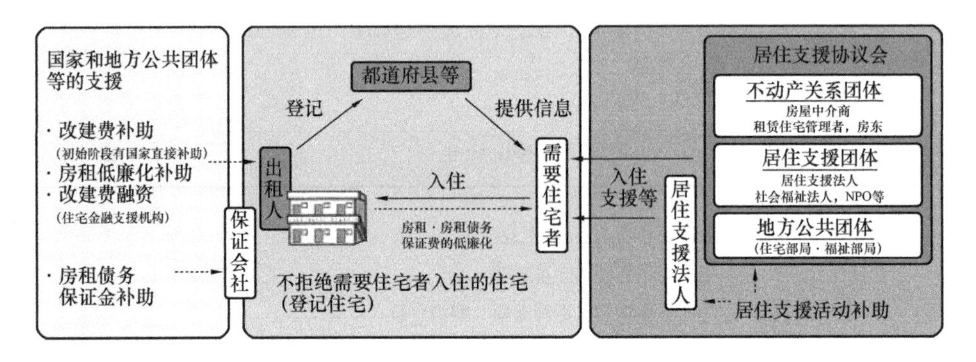

图 11　新住宅安全网制度的示意

补助对象施工	无障碍物施工，抗震改造施工，用途变更施工等
补助率	【补助金】：中央1/3（制度初始阶段、中央直接补助） 【补贴金】：中央1/3+地方1/3 （地方公共团体实施时的间接补助）
入住条件等	对入住者收入及房租水准（特别是补助金）有一定要求

图 12　老年人住宅建设、改造费用补助

（三）既有住宅改造

本次交流会上，日本 UR 都市机构介绍了该机构所管辖的公营集合住宅的维修改造做法、经验及住宅改造技术研发计划等。

补助对象	① 房租低廉化所需费用（国费上限2万日元/月·户）	② 入住时房租债务保证金（国费上限3万日元/月·户）
补助率	中央1/2+地方1/2（地方实施时的间接补助）	
入住者条件等	对入住者收入及补助期间有一定要求	

图 13　减轻入住者费用补助

1. 维修制度建设。日本公营租赁住宅有一套完善的住宅日常维修保养制度，内容包括日常维修、功能改善及防灾减灾措施等（图 14）。经营者要按照制度要求定期进行保养检查、维修改善，以保证住户对住宅功能、性能等方面的需求。

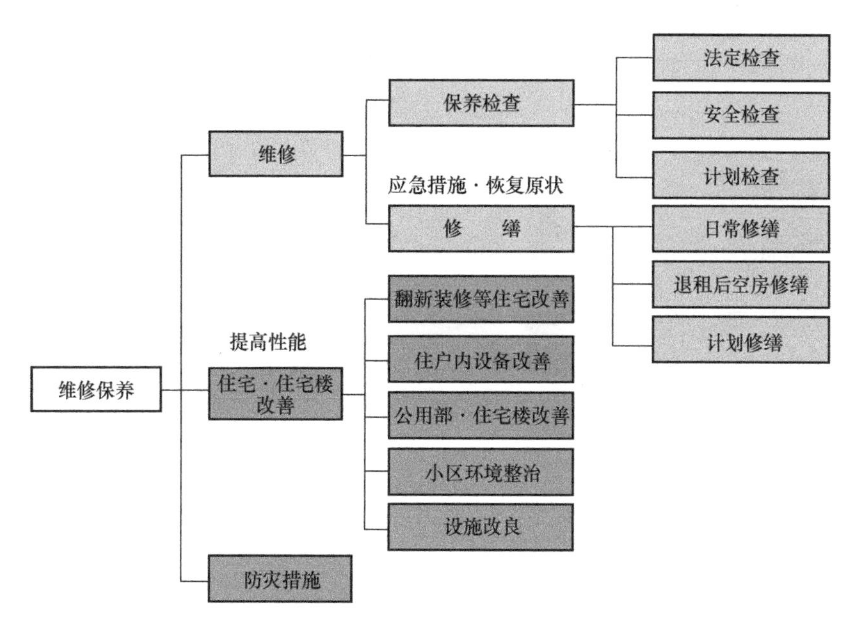

图 14　日本 UR 都市机构住宅维修保养体系

2. 改造更新内容。主要包括功能修复、环境整治、节能改造、抗震加固和老年住宅改造等方面。功能修复包括房屋功能修缮、厨卫改造等；环境整治包括停车管理、小区环境清洁、园林绿化提升和小区风貌整治等（图 15）。节能改造包括外围护保温隔热、增设 LED 照明设施、节能电梯、潜热回收型热水器等。抗震加固和老年人住宅改造按照相关的法律执行，如《抗震改修促进法》等。

3. 改造资金来源。UR都市机构所经营管理的住宅基本上为公营住宅，改造维修资金由机构自筹，主要来自房屋租金。抗震加固和老年人住宅改造等依据相关法律享受政府的相关补助。

住宅楼公用部空间（改造前）

儿童游乐园（改造前）

儿童游乐园（改造后）

图15　住宅环境整治

（四）住宅质量保险

为了确保住宅的质量，保护买房者权益，迅速妥善解决房屋买卖纠纷，2000年4月1日施行了《住宅品质确保促进法》，成为住宅质量保险的依据。《住宅品质确保促进法》规定了新建或既有住宅应实行住宅性能表示制度、质量担保责任义务、建立质量纠纷处理机制三项制度，为确保住宅建设质量，保护消费者权益起到了积极作用。

1. 保险责任范围。依据品质法的规定，新建住宅的卖方，要对结构主要承重构件以及防雨水渗漏部分，负有 10 年的质量担保责任。

2. 财力确保措施。根据《住宅品质确保促进法》规定，建筑商及房地产中介机构可选择缴纳寄存保证金和责任保险两种形式（图 16）。关于两种财力保证方式由经营者自主选择，一般新建住宅户数超过 500 户选择寄存保证金，少于 500 户选择保险；定制住宅多数选择寄存保证金，商品住宅多数选择保险；大型企业多数选择寄存保证金，中小企业多数选择保险。寄存保证金缴纳后由法务局负责运营管理，缴纳金额依据户数从 1800 万日元～9 亿 9 千万日元（表 4）。保险缴纳至国土交通大臣指定的保险法人（目前有 5 家指定保险法人）。保险费由保险公司设定，国土交通大臣批准。利用住宅保证基金为中小企业降低保险费，并实施保险费等的增额和减额。

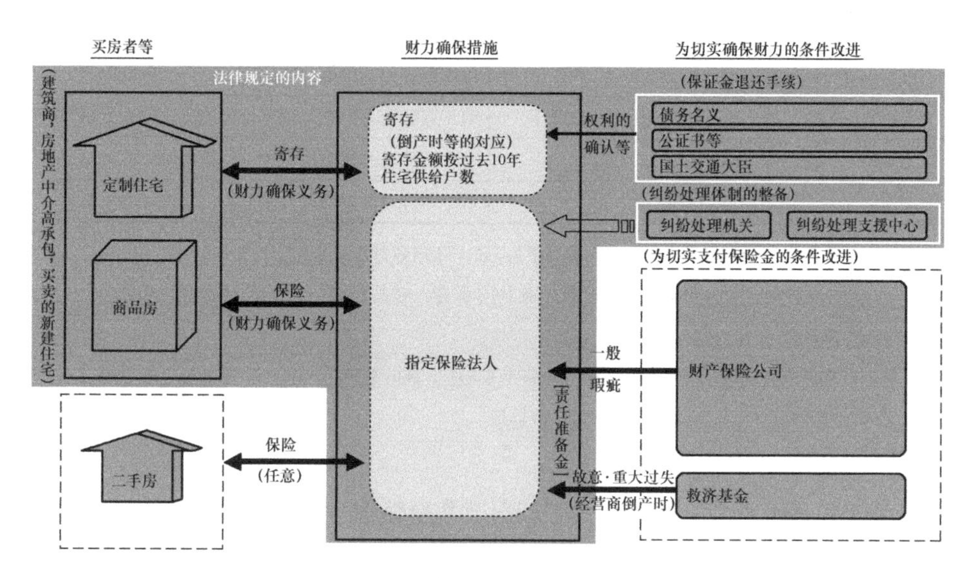

图 16 财力确保措施及流程

寄存保证金金额 **表 4**

供给户数的区分			寄存金额		
1 户以下			2000 万日元		
1 户超	～	10 户以下	200 万日元×户数	＋	1800 万日元
10 户超	～	50 户以下	80 万日元×户数	＋	3000 万日元

续表

供给户数的区分			寄存金额		
1户以下			2000万日元		
50户超	～	100户以下	60万日元×户数	+	4000万日元
100户超	～	500户以下	10万日元×户数	+	9000万日元
500户超	～	1000户以下	8万日元×户数	+	1亿日元
1000户超	～	5000户以下	4万日元×户数	+	1亿4000万日元
5000户超	～	10000户以下	2万日元×户数	+	2亿4000万日元
10000户超	～	20000户以下	1.9万日元×户数	+	2亿5000万日元
20000户超	～	30000户以下	1.8万日元×户数	+	2亿7000万日元
30000户超	～	40000户以下	1.7万日元×户数	+	3亿日元
40000户超	～	50000户以下	1.6万日元×户数	+	3亿4000万日元
50000户超	～	100000户以下	1.5万日元×户数	+	3亿9000万日元
100000户超	～	200000户以下	1.4万日元×户数	+	4亿9000万日元
200000户超	～	300000户以下	1.3万日元×户数	+	6亿9000万日元
300000户超			1.2万日元×户数	+	9亿9000万日元

注：1. 楼面面积小的新建住宅（$55m^2$以下），以1/2户数计算。

2. 1户新建住宅由两家以上的建筑企业共同承建，是按照履行质量保证责任的负担比例计算户数。

3. 在法律实施起的十年间（截至2009年10月1日的期间），作为过渡措施，按法律实施日（2009年10月1日）起的供给户数算定。

※上限为120亿日元。

费用包括检查费、保险费（附加保费和净保费），独栋住宅约74000日元，公寓约45000日元/户（图17）。保险金支付范围为修补费、调查费和临时住所迁居费等。保险法人承保保险时，进行现场检查，因卖主故意造成重大损害的免责（卖主等破产倒闭除外），支付保险金时，若卖主等已破产倒闭，则直接向买主支付保险金。同时，建立住宅保证基金机制，支撑住宅质量担保责任保险（图18）。

3. 旧房质量保险。为满足人民对住宅更新换代的需求，促进既有住宅流通，2016年6月3日修改颁布了《房地产中介法》。该法规定房屋中介机构必

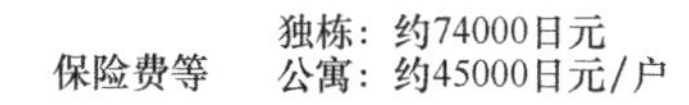

· 现场检查的交通费等
· 设计图书等事先确认，现场检查
· 检查员的安排等，检查结果的审查 · 管理
· 现场检查员的讲习 · 登记等

· 经营者登记手续等
· 保险合同的说明和接收申请等（募集保险）
· 保险出单，回应查询，事故处理（支付保险）
· 为保险代理店进行讲习等
· 纠纷，故意 · 重大过失的处理

· 损失风险加入财产再保险的再保险费等

※保险费等，按独立住宅楼面面积为120m²，公寓为20户 · 总楼面面积为1800m²，平均室内面积为75m²情形计算

图 17　保险费构成

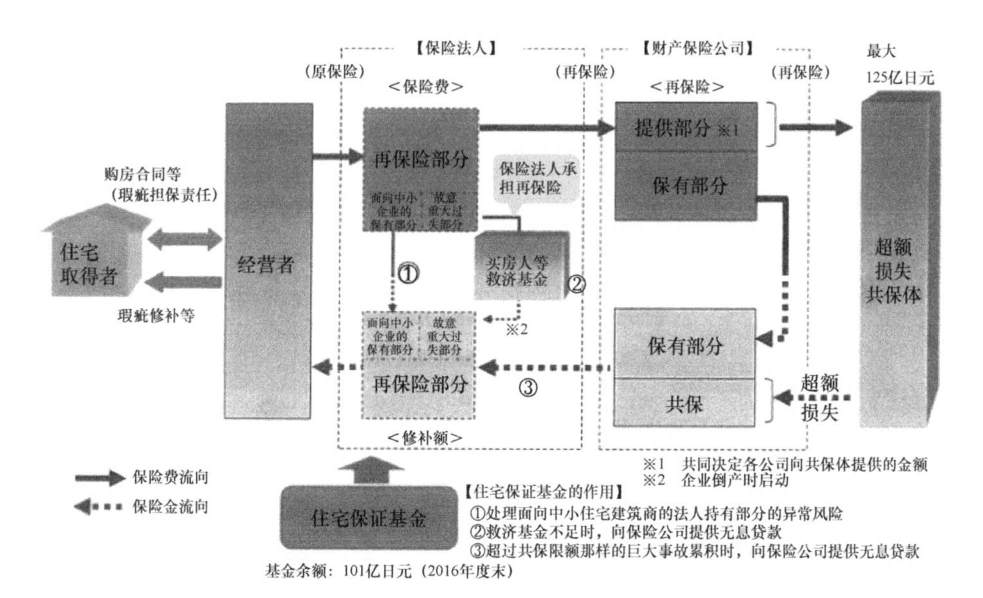

图 18　住宅保证基金机制

须向消费者提供房屋质量信息和质量担保，以保证买卖双方安心交易。中介机构组织专家对房屋的质量情况进行检查，并在合同签订时提供房屋质量状况和质量担保。质量担保按照法律规定的“质量担保责任义务”实施，保险费用15000万日元～50000万日元由买方负责。质量保险的内容及费用见表5，交易流程及担保要求见图19。

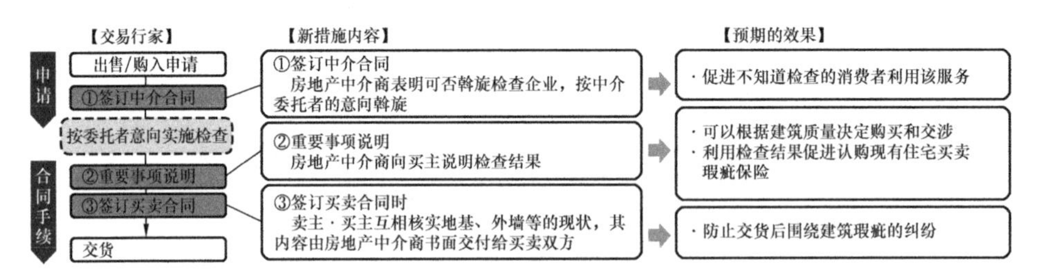

图19 交易流程及担保要求

质量保险的内容及费用 **表5**

类型	概要（认可年月）	对象	保险期	保险金额	申请件数（2016年）
延长保险	新建住宅交付后已过10年质量担保责任期限的检查，修补时的质量担保责任保险（2007年4月27日）	结构 · 防水部分 ※也有以设备等为对象的特约	5年、10年	500万日元、1000万日元、2000万日元	152
翻新质量保险	有关翻新施工承包合同的质量担保责任保险（2010年3月）	翻新施工部分 ※也有以结构 · 防水为对象的特约	1～10年 ※因对象部位等而异	100～2000万日元 ※因承包金额等而异	3902
大规模修缮施工质量保险	有关公寓大规模修缮施工承包合同的质量担保责任保险（2009年12月）	构造 · 防水部分 ※也有以设备等为对象的特约	1～10年 ※因对象部位等而异	1000～50000万日元 ※因承包金额等而异	1202

续表

类型	概要（认可年月）	对象	保险期	保险金额	申请件数（2016年）
现有住宅买卖质量保险（房地产中介销售）	有关现有住宅的购买转售等买卖合同的质量担保责任保险（2009年12月）	结构·防水部分 ※也有以设备等为对象的特约	2年、5年	500万日元、1000万日元	9123
现有住房买卖质量保险（个人间买卖）（检查经营者保证型）	有关现有住宅个人间的买卖合同，检查经营者成为被保险者的质量担保责任保险（2010年6月）	结构·防水部分 ※也有以设备等为对象的特约	1年、5年	500万日元、1000万日元	1689
既存住宅买卖质量保险（个人间买卖）（中介商保证型）	有关现有住宅个人间的买卖合同，中介商成为被保险者的质量担保责任保险（2016年4月）	结构·防水部分 ※也有以设备等为对象的特约	1年、2年、5年	200万日元、500万日元、1000万日元	

※认可年月是指最初保险法人取得认可的年月。

4. 纠纷处理机制。国土交通大臣指定公益财团法人作为咨询服务机构，从事住宅咨询、住宅纠纷处理等业务。一旦出现纠纷，各都道府县律师会的专家（律师、建筑师）以公正公平的立场参与纠纷处理。处理分斡旋、调停和仲裁，费用只收取申请费1万日元。

三、考察项目情况

访问团在日本国土交通省住宅局相关人员陪同下，先后实地考察了东京日本桥街区旧城改造项目、东京品川区护理院西大井、大阪梅田蓝天大厦、阿倍野海阔天空（ABENO HARUKAS）等项目，项目各具特点，各有学习借鉴之处。

（一）日本桥街区改造建设

日本桥街区始建于 1603 年，始建之初是东京公路的起点，商业物流中心。随着经济发展成为昔日东京经济、金融、文化、商业中心，历史悠久，文化底蕴深厚，各街区风格不同。几百年来，街区规划理念落后、城市功能缺失、建筑破旧、服务设施滞后等问题已经不能满足新时期发展需求。新时代到来，东京要打造魅力之城，提升城市功能和面貌，迎接 2020 年东京奥运会，重新焕发日本桥街区昔日辉煌，对老城区实行改造更新。从 2004 年开始改造，计划在 2020 年前完成。

1. 项目的运作模式。日本桥街区旧城改造项目实行政府指导、企业实施、土地拥有者参与等方式实施，项目具体由三井不动产公司建设实施。政府主要职能是制定规划，提供各种经济补助，如：低息贷款、经济政策支援、容积率奖励等。项目实施单位自筹资金，土地拥有者、民间资金以不同方式参与投资。投资回收主要依靠物业租金，设施、配套功能的有偿服务等方式，预计投资回收期 10～20 年。目前，已经建成集商业、办公、居住、城市服务等功能为一体的综合街区，提升了城市形象和功能，焕发了生机，带动了经济发展，初步成为东京一道亮丽的风景线（图 20）。

(a)

(b)

图 20　日本桥街区改造后的街景

2. 改造更新的原则。项目改造更新坚持保留、复苏和创新的原则。对具有历史价值的建筑和设施进行保留维护，维持原来功能，保护原来风格；对于一般性破旧建筑实行拆除重建，在继承建筑文化的基础上创新提升，复苏其基本功能外，增加新的城市功能。在改造更新的过程中，实现历史保护与地产开发、传统继承与文化创新、功能完善与形象提升、业态布局与社会发展的统一。

3. 改造更新的重点。日本桥街区改造更新的工作重点有以下四个方面：**一是产业创新**。为了适应新时代发展要求，在改造过程中科学规划产业形态、合理设计街区功能、配套完善基础设施、提升美化城市形象，形成了集金融、医疗、商业、居住、会议中心、总部基地、科学研究、娱乐服务等产学研管住诸多功能为一体综合街区（图 21），焕发了日本桥区域的经济活力，开创了日本桥地区的新发展格局。

图 21　日本桥街区改造后部分建筑

二是街区改造。在改造中，保留了原街区老字号（包括百年企业、商场、店面）的文化底蕴和历史风貌，用现代建筑手法加以提升改造，传承历史文化，增加现代化功能，扩大产业发展内力。同时，改造了城市基础设施，提高了保障能力。日本桥地区的魅力重现，成为日本人及来日外国人购物、休闲的好去处（图 22、图 23）。

三是环境相彰。改建了具有 1000 多年历史的富德神社，修建了环境优美的城市绿地，增加了防灾避难的地下设施（3000m² 大规模防灾储备地下空间）。在日本初次尝试了跨街区的全面供电，采用热电联供技术，既提供了区

图 22　日本桥三越本店

图 23　日本桥高岛屋百货店

域冷暖电源，又保证灾难发生时 72 小时的电源供给（图 24）。环境建设坚持了人与自然共生的理念，建设便捷、安全、愉悦的城市环境。

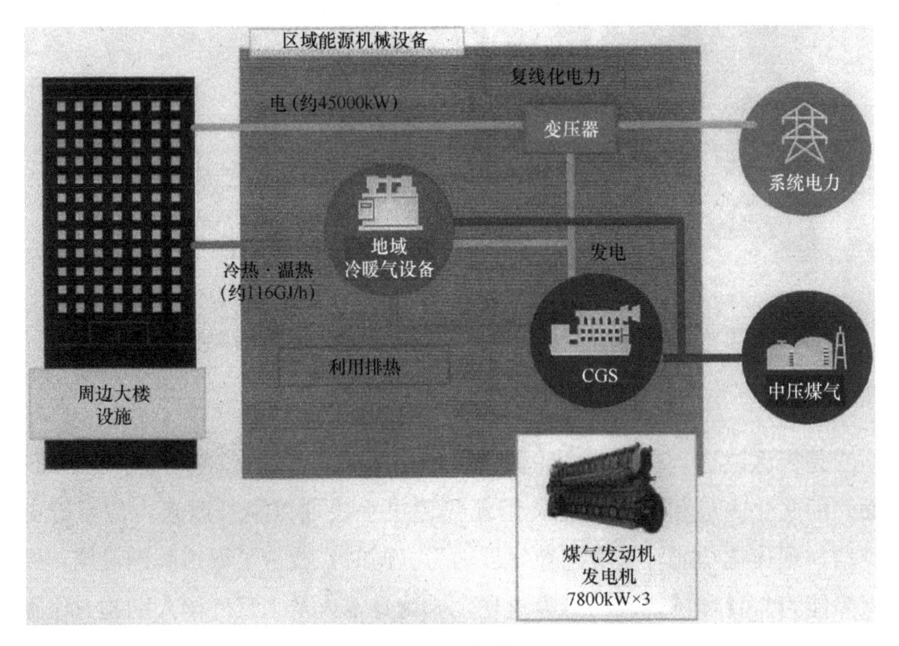

图 24　热电联供

四是水都再造。拆除河上现有的高速公路，改为地下隧道。恢复日本桥水运功能，建设日本桥码头、河道治理和沿河环境整治，创造宜人亲水空间和自然生态水景（图 25）。

图 25 治理后的日本桥水景

（二）护理院西大井

护理院西大井开设于 2009 年 3 月，位于东京都品川区西大井 2-5-21 号，该区域是一片老居住区（图 26）。

(a)

(b)

图 26 品川区居住区

1. 改造背景与决策。2007 年品川区总人口 34 万人，其中约 7 万人为老年人（70岁以上），老年人比率大于20%，护理保险认证率为15.4%。在老龄化社会背景之下，区政府已经启动了特养设施的完善工作。由于少子化及小学初中一贯制教育导致小学校舍及初中校舍出现闲置，区议会制定了改造更新再利用计划，确定将原品川区立原小学的校舍改建成老年人设施。通过市民大会广泛征集当地居民意见后，确定了改造更新方案。通过公开征集能够创建并运营满足地区意愿及区政府要求的法人机构，共有8家法人单位申报，最终确定了民设民营的“KOHOEN”。

2. 改造内容与运营。具体由民设民营的“KOHOEN”进行改造翻修。原小学游泳池改造为地下蓄水池，用于存储雨水和泄洪，防止下游洪灾。小学校园用于防灾避难设施使用。将原小学改建为“一楼托儿所”“二楼及三楼设护理院”“一楼东侧设老人福祉中心”，由民设民营的“KOHOEN”运营管理。NPO-Welcome Center负责原运动场、体育馆的运营。改造工程总费用（抗震加固、改建翻修、设施设备费等）共计10.83亿日元（当时约6400万元人民币）。图27为护理院西大井外景。图28为护理院西大井各层平面图。图29为护理院西大井三种房型。

图27　护理院西大井外景

3. 改造后的功能与服务。西大井KOHOEN总建筑面积5050m²，其中护

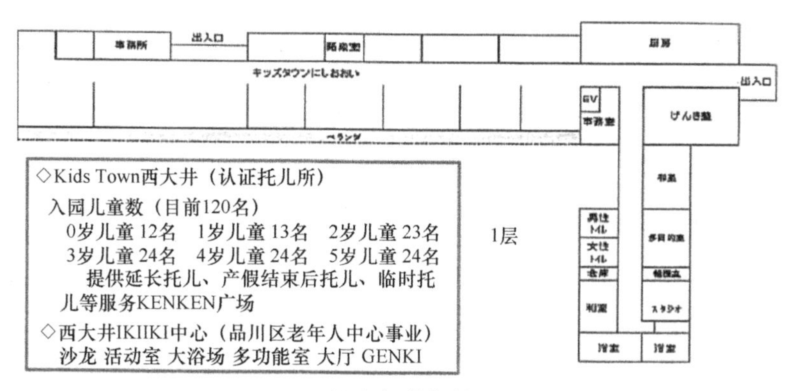

一层平面（保育院）

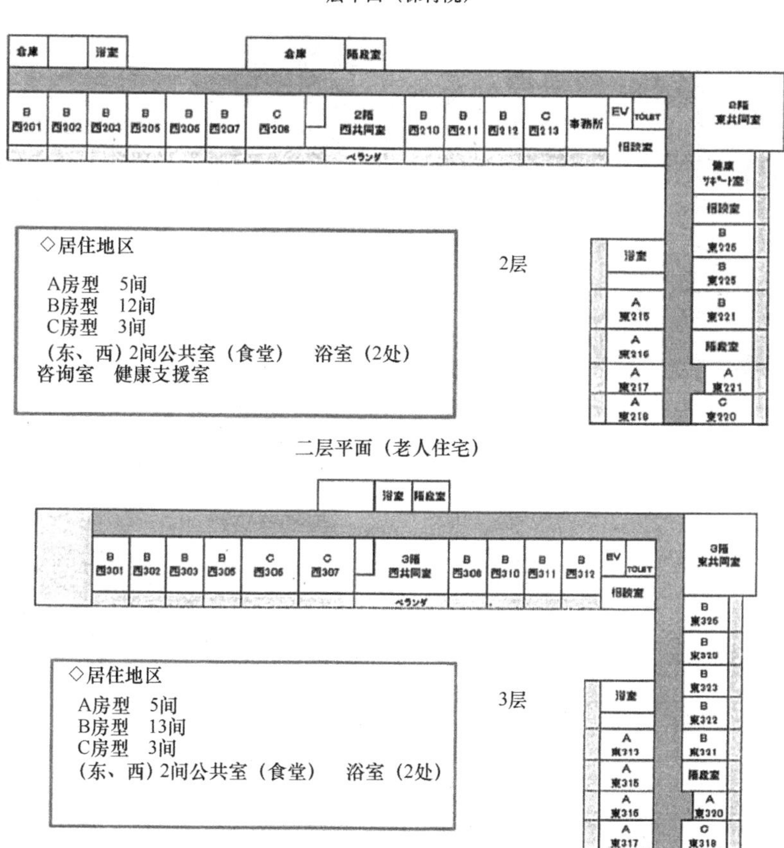

二层平面（老人住宅）

三层平面（老人住宅）

图 28　护理院西大井各层平面图

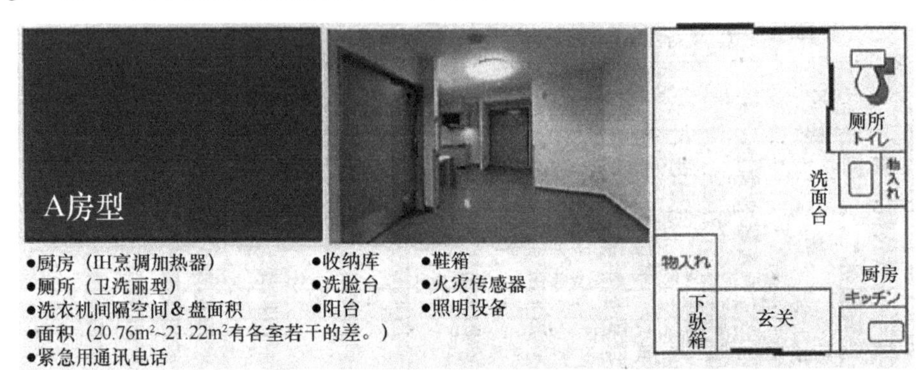

A房型功能布置

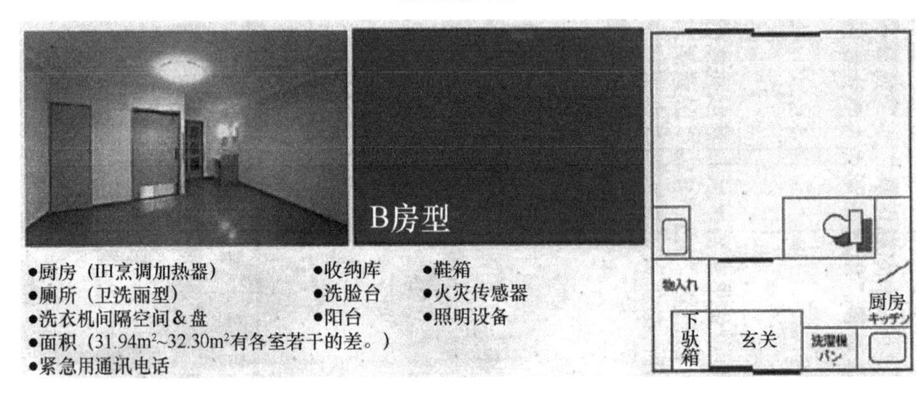

B房型功能布置

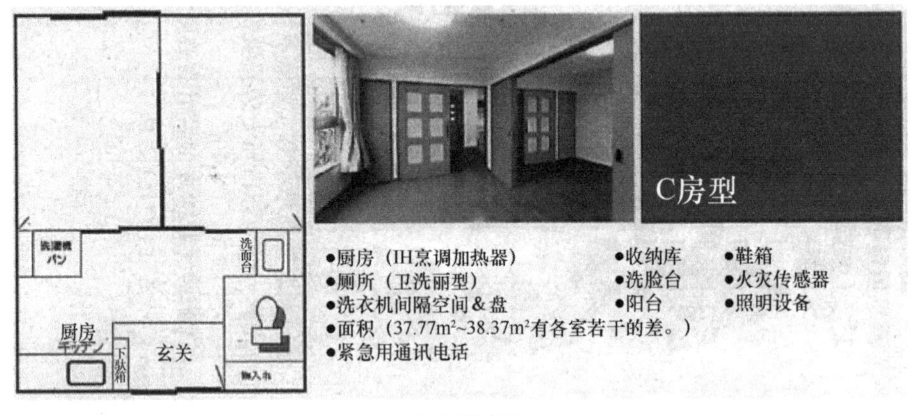

C房型功能布置

图 29　护理院西大井三种房型

理院 3226m^2、福祉中心 692m^2、托幼所 1017m^2、设备用房 115m^2。护理院 A 房型（单人间、10 间、10 人）、B 房型（单人间、26 间、26 人）、C 房型（双人间、6 间、12 人），共计能为 48 人提供护理保险服务。托幼所能提供 100 名 0～5 岁婴幼儿保育托管服务。护理院为居住在品川区且获得“需要护理及援助认定”、年满 60 岁以上的人员提供住宅，让老年人、儿童以及地区居民相互交流，实现充满活力而舒适的生活。图 30 为护理院西大井部分设施。

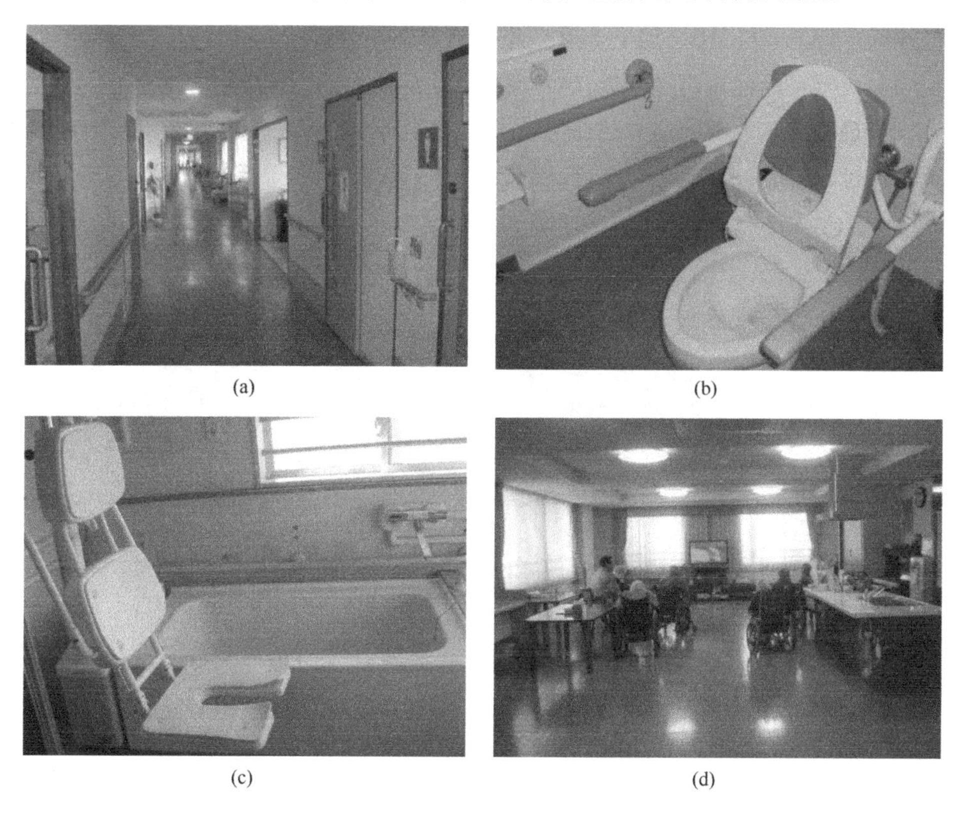

(a) (b) (c) (d)

图 30 护理院西大井部分设施

4. 入住条件与费用。护理院入住条件为居住在品川区 6 个月以上、年满 60 岁以上居民，房租加护理费用大约 16 万日元/间月（合 9412 元/间月）。福祉中心为免费设施，品川区居民且年满 60 岁以上都可享用。根据老人福祉法设立的老人福祉中心，利用品川区老年人中心事业规定的补助金实现运营。

5. 政府的援助与支持。政府鼓励支持民营企业或团体投资老年人住宅建设，品川区将立原小学校舍及土地无偿租赁给 KOHOEN 机构 20 年，并按照日本相关法律提供一定经济支援。居民可按照日本老年人住宅制度选择自己需要的户型和需求。入住者收入低于规定水平的人员可享受政府的房租补助。

（三）大阪梅田蓝天大厦

蓝天大厦是大阪市北区新梅田城中的摩天大楼（图 31、图 32）。1993 年 3 月建成，地上 40 层楼、地下 2 层，高度约为 173m，是日本国内首座连通型的超高层大厦，两栋超高层大厦被 2 层高的结构物（空中庭园）刚性地连接了起来。是日本著名大师原广司的作品，被评为世界 20 座著名建筑之一，年观光人次超过 120 万。

图 31　蓝天大厦模型

图 32　蓝天大厦实景

1. 规划特色。占地 4.2hm^2，建筑面积 21.6 万 m^2。建筑物向高层化的方向发展，确保有一个宽敞的开放空间。大厦南侧设有一处直径达 70m 命名为“中自然”的庭院，点缀着小丘、小溪、跌水和水池。大厦的西侧为大酒店楼，东侧为低层的裙房，大厦东侧有日本著名建筑师安藤忠雄设计的“希望之壁”立体绿化墙，为狭小空间增加绿意，创造四季有花的丰富景观。北侧设置了一处花园，宽大而又豁亮，四季繁花盛开，为久居都市的人们提供了接触大自然的休闲环境（图 33～图 36）。地下楼层模仿昭和年代的风格，设有一条再现大阪的“吃不倒不罢休”的“泷见小路饮食街”，已成为许多游客纷至沓来的大阪新观光景点。

图 33　蓝天大厦庭院

图 34　北侧花园

图 35　希望之壁

图 36　“中自然”庭院

2. 建筑风格。将两栋超高层大厦最顶层部分互相连接，这是被称作“连接式超高层大厦”的崭新建筑形态，连接体是一个离地 150m 的巨大挑高式空间，犹如一座半圆形的圣堂，庄严而雄伟。大楼除了位于 39～40 层的“空中庭园”之外，设于 22 层的“空中廊桥”将东西两栋大楼连通起来。大厦的半透明反射玻璃将天空映入其中，用大型铝板构成的“空中庭园”像是半悬于浩渺的天空。最顶层的蓝天步道是开敞式的，人们可以尽情欣赏 360°的风景，将大阪的城市风貌一览无余。

3. 结构体系。大厦的地上和地下都是钢结构。标准层楼板为设在现场的加工场生产的预制装配式叠合楼板，在大梁的上部浇筑混凝土，构成梁式组合楼板。位于 22 层的空中廊桥是两栋楼之间的联络工具，采用弧形桁架结构，廊桥内侧为玻璃围成的通道。空中廊桥的支座一端固定，另一端为辊轴，目的是吸收两栋楼之间的相对变形（在风荷载作用下，相对变形的最大值可达 12cm）。为了降低人们步行于廊桥内时的竖向振动，安装了减振用的动力阻尼器。

4. 施工方法。空中庭园的钢结构安装和外墙，以及槽口的装修部件需要在 170m 以上的高空进行装配作业，采用整体提升的施工方法。在地面组装完成空中庭园的第 39 层楼板的全部钢构件和第 40 层及屋顶层的部分钢构件。提升的重量中包括钢结构 800t、装修部件 110t 和安装工具 130t（钢丝绳及滑轮等）共计 1040t。确定的 4 个起吊点，用 4 台塔吊起吊 1040t，每个吊点各为 260t。钢构件安装完毕后，再进行第 39 层、第 40 层和屋顶层各楼板的混凝土浇筑和剩余的装修工程。施工人员采用独特的安装方式，将重达 1040t 的“空中庭园”以 35cm/分的速度拉举至高空，总共用了 12 小时将这个庞然大物与两侧的高楼连接在一起，成为举世瞩目的建筑。

（四）大阪阿倍野海阔天空（ABENO HARUKAS）

位于日本大阪阿倍野区，占地 2.9 万 m^2，建筑面积 30.6 万 m^2，地上 300m（地下 5 层、地上 60 层），是集车站、商场、写字楼、酒店、美术馆、观光台为一体的“立体都市”。2008 年 1 月开工，2014 年 3 月正式开业，是日本第一高的超高层建筑，成为大阪的新地标（图 37）。

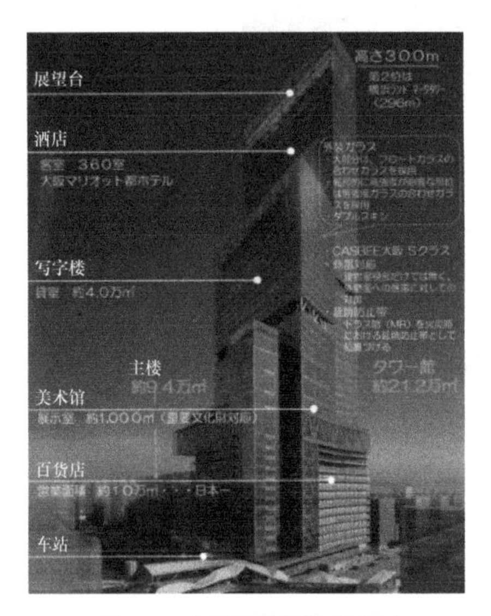

图 37　大阪阿倍野海阔天空

1. 开发理念。项目开发本着与交通终点站直接连接、与周边环境和谐共存共同发展、综合减灾防灾、被动与主动环境技术及其他先进技术集成和各种功能层层叠加的城市综合体的开发理念，打造多元化的设施及功能，营造舒适、健康、绿色的展示未来发展方向的“立体都市”。**一是集先进的都市功能为一体**。昔日的百货商店脱胎为一座新型的综合商业设施。最先进的大型写字楼、国际品牌酒店，大众化的艺术文化欣赏圣地“都市美术馆”及其他诸多功能设施，给都市生活带来更多的色彩，成为一个小城，可谓之“立体都市”。**二是高达300m的超高层建筑成为大阪耸立起的一个新的“日本第一”**。HARUKAS是日本最高楼宇，是大阪最先身披朝霞的地方，大阪的一天从这里开始。站在最高层，独有的景致让人尽享眺望之趣。**三是利用最新高科技降低CO_2排放，实现与自然生态的和谐与共存**。自然采光和带户外新风的室内高空间设计、楼顶绿化、设施排放的废弃物（垃圾）沼气发酵处理并回收能源的生物气体发电以及诸多环保节能新技术集成应用，建成一个有益于保护地球生态的城市建设示范引导项目。**四是与枢纽型车站相连接，成为大阪的南大门**。与大阪的交通枢纽站直接相连，可以乘坐7条线路的列车，从关西国家机场、大阪国家机场也可30分钟直达，成为大阪市内外的“枢纽”，并与亚洲各国相连接，成为连接全球的一个新门户。**五是与天王寺街区共同谱写成长史**。1000多年前建造的寺庙以及龙野古道等，是悠久的历史留存下来的古老情趣。无论是大规模的商业设施，还是人情味浓郁的商店街，到处生气勃勃，映现着充裕的都市生活。开阔的公园里，绿荫浓郁，古树遗迹随处可见，深掩着排排民居的街道，幽静怡人。阿倍野HARUKAS将与这片美好的土地共同生存，共同开创未来。

2. 功能设置。**第58～60层是观览台**。第58层的室外广场是三层通顶空间设计（图38左图），光与风交错穿行，令人心旷神怡。顶层（第60层）是玻璃墙壁的室内高空走廊，放眼眺望，大阪平原360°全景尽收眼底。

第19、第20层、第38层至第55层及第57层是大阪万豪都酒店（客房数量360间）。万豪都酒店（图38右图）的世界级服务与酒店的日本式款待之心融为一体，为宾客提供高品质的享受，从客房和餐厅均能眺望美景。**第17、第18层及第21～36层为写字楼（出租面积约40000m²）**，一个楼面占地2400m²，其宽敞程度在大阪也是为数不多的。IT环境、照明、空调等均采用最先进设备，充分考虑了写字楼办公人员的需求，设施非常完善，是一个领先

58楼的室外广场

19楼大厅

图 38　部分内景

时代的工作站（图 39 左图）。

标准层

展览室

图 39　标准层和展览室

第 16 层为阿倍野 HARUKAS 美术馆。一座正规的"都市型美术馆"（图 39 右图），用于国宝、重要文化财产的展览。美术馆经常举办日本美术、西洋美术、现代艺术等丰富多彩的美术作品展览。**阿倍野 HARUKAS 近铁本店为 B2 层至第 14 层（商场面积约 100000m²）**。2014 年春，"阿倍野 HARUKAS"正式开业，餐饮街共有 3 个楼层，汇聚了 44 家店铺，"感受、体验"型卖场也纷纷登场，提供不一样的快乐体验。**B2 层/1 层为近铁大阪阿布桥站**。

3. 技术特点。HARUKAS 地下结构采用钢筋混凝土，采用桩筏基础，地上结构采用钢管混凝土和钢骨混凝土，采用 C60 高强混凝土，采用工厂化生产、现场机械化安装方式。典型技术：**一是减震隔震、风荷载阻尼技术体系**。

由于日本是地震频发地区，超高层建筑的抗震减灾是技术难点也是关键技术。第 1～57 层安装了阻尼减震器、波形耐震壁，第 53 层安装了液压减震器、回转摩擦减震器、中轴减震器等，第 57 层安装了 ATMD（Active Tuned Mass Damper）倒立、吊立摆风荷载阻尼器，第 14～57 层采用耐震段构造技术，形成一套较为完整的制振减震、抗击风荷载的安全技术体系（图 40）。**二是采用被动主动相结合的技术体系**。采用了外围护保温隔热、自然采光、抑制热岛效应、可再生能源利用、区域热负荷减低、CO_2 减排等被动主动相结合的环境

■构造形式　　地上：S造（柱：超高強度CFT）（超高强钢管混凝土）
　　　　　　　地下：SRC造　（钢骨混凝土）
　　　　　　　基礎：RC造　（钢筋混凝土）

■桩概要　　・場所打ち鋼管高強度コンクリート杭（TMB杭工法）
　　　　　　　桩混凝土强度:48.60N/mm²、桩总数 49根
　　　　　　・TSW壁杭（ソイル強度2.0N/㎟）（桩总数）

■采用技术　　・超高强度CFT
　　　　　　　混凝土强度:60~150N/mm²
　　　　　　　钢材：钢管屈服强度325~440N/mm²

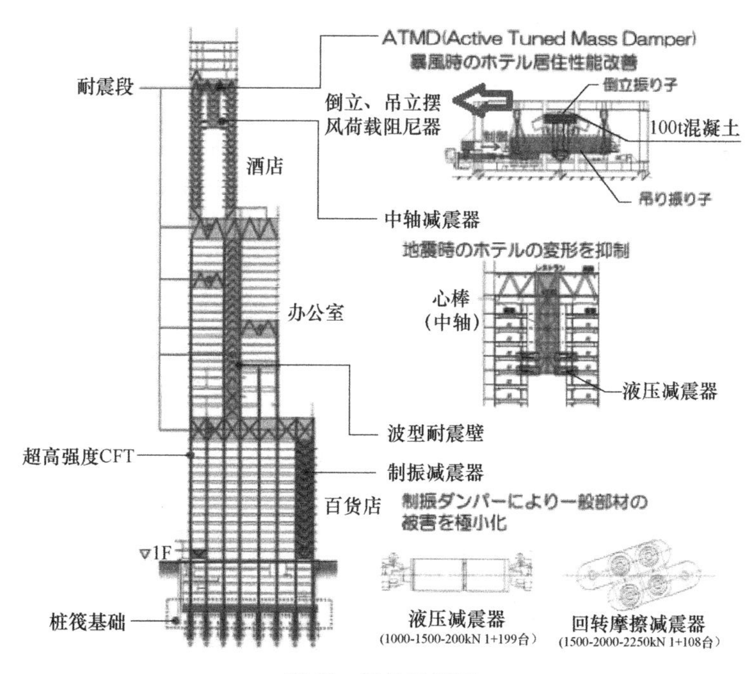

图 40　结构示意图

技术，将既存建筑物内的所有资源充分利用。外围护采用双层中空玻璃幕墙，幕墙中间 50cm 用于冷热空气流通交换，大楼内设有内天井形成负压，进行空气交换。充分利用高楼采集光能和风能的被动技术、可灵活控制的环境技术。为了使大楼内部人员排出的热量进行气化并在高处排放出去，大楼中间层预留了可集中设置冷却塔的空间。**三是节能减排技术体系**。采用热电联供技术，高效瓦斯吸收式冷温器、热水能源回收、蓄热式低温送水、高效型照明、太阳能发电、微型风力发电、电梯下行发电、污水下排发电、生活垃圾发电、雨水收集、中水处理回用、屋顶绿化等技术。**四是智慧管理技术体系**。ATMD 倒立和吊立摆风荷载阻尼器智能控制（图 41、图 42）、区域热回收和区域热融通智

图 41　ATMD 倒立摆风荷载阻尼器

能控制、设施设备监控管理、LED 照明自控技术、安全防范监控及信息智能管理技术等。另外，在综合减灾方面，还采用应急双料发电机（Dual-fuel generator）、可应对电压瞬间下降的蓄电池等电源保证措施，也通过智能控制实现防灾需要。图 43 为双层幕墙，图 44 为水处理收集池，图 45 为生活垃圾发电，图 46 为地下室设备更换出入口。

图 42　100t 混凝土吊立摆

图 43 双层幕墙

图 44 水处理收集池

图 45 生活垃圾发电

图 46 地下室设备更换出入口

四、交流考察启示

通过为期5天的交流考察活动，粗略地考察了日本东京、大阪部分地区及建设项目（图47），给我们留下了深刻的印象。日本国土面积不大、能源资源贫乏，但是不管东京还是大阪地区给人的印象是：城市建设很精致（协调发展）、产品质量包括建筑产品很精良（工匠精神）、行为作风很精细（道德素养）、人民面貌很精神（文化自信），尤其是在住房和城乡建设领域有很多独特的经验和做法（图48、图49）。二战以后日本进入工业化、城镇化快速发展时期，经济实力得到较大提高，日本用30年时间完成了西欧、美国需要100年左右才能完成的城镇化、工业化的历程。日本城镇化率达到56％的年份大概是1955年，人均国内生产总值约259美元；1970年城镇化率达到70％，人均国内生产总值约406美元；这个过程只用了15年。中国2016年的城镇化率为57.3％，人均国内生产总值约8260美元。有分析认为，我国当前城镇化发展的动力远大于当时的日本，城镇化的速度还会加快，农业转移人口市民化速度

图47　大阪城市局部概貌

图 48 精良的工程质量

图 49 精细的工作作风

也将会加快，预计10年后达到70%（1.3%左右的城镇化增长率）。在城镇化快速发展中，要实现**“人与自然和谐共生，推动新型工业化、信息化、城镇化、农业现代化同步发展，实现‘两个一百年’奋斗目标”**，必须总结借鉴发达国家经验，走出一条具有中国特色的现代化发展之路。日本与欧洲发达国家一样，也经历了先发展再治理的过程，有很多经验教训值得总结，探索了可持续绿色发展之路，值得我们学习借鉴。

（一）加强城市建设管理，营造文明有序环境

由于日本国土面积小、资源禀赋少、地理条件差等因素，东京、大阪城市开发管理具有土地开发强度高、城市容积率大，大楼密集、空间局促，道路不宽、交通通畅，环境整洁、文明有序，建筑规整、经济适用，技术先进、推广率高等很多值得借鉴的特点。我国正处在城镇化快速发展时期，要**“以城市群为主体构建大中小城市和小城镇协调发展的城镇格局，加快农业转移人口市民化”**。就要坚持新发展理念，**“不断推进理论创新、实践创新、制度创新、文化创新以及其他方面创新”**，实现城市建设集约化发展。

一是加强城市建设和环境管理。东京、大阪城市建筑密而不乱、鳞次栉比，城市秩序井然、行为有序，城市市容和谐、环境洁净。大街上很少看到交警，也没有协警、交通协管员，考察期间没见到警车，没见过交通事故发生，也没见到小商小贩。一方面是城市基础条件好，城市公共交通体系发达，道路网密度大，东京平均路网密度11.13km/km^2；私家车出行少，基本以公共交通作为出行工具；考察团的部分活动都是乘坐轨道交通方式，而不是用专车；另一方面是市民基本素质高，公共意识、规则意识、环保意识、节约意识强，自觉遵守秩序，自觉维护环境卫生。我们要减少交通拥挤、环境污染等“大城市病”，就要加强城市建设环境管理，加大公共交通体系建设，缓解城市交通压力。树立“窄马路、密路网”城市道路局部理念，建设快速路、主次干路和支路级配合理的道路网系统。如北京建成区路网密度4.7km/km^2，远远小于东京。要加强管理引导力度，实行公共交通优先，提高私家车出行成本，鼓励出行乘坐公共交通工具。加强宣传引导，提高市民公共意识、规则意识、环保意识、节约意识，提高自觉遵守秩序、自觉维护环境卫生的主动性和积极性。

倡导简约适度、绿色低碳的生活方式，开展“节能、节水、环保从我做起”行动，共同营造文明有序的城市环境。

二是加强建筑设计管理。日本超高层建筑极少，蓝天大厦、HARUKAS是大阪仅有的两座超高层建筑，在整个日本负有盛名，其他高层建筑体型方正、立面简洁、尺度适宜、色彩明快。如果说蓝天大厦是建筑功能、建筑艺术和建筑技术的美妙结合体，那么HARUKAS便是建筑功能、建筑艺术和建筑新技术的创新集大成。从所考察的项目及沿途所看到的建筑来看，不论从建筑的造型、面积标准还是在环境建设等方面，在保证建筑的安全、耐久等基础上，日本更加注重建筑的功能性和实用性，更加注重室内环境的舒适性和经济性，更加注重产业化新产品和新技术的应用。当前，国内城市建筑存在崇洋、求怪、贪大、逐奢等乱象。**习近平总书记指出，“城市建筑贪大、媚洋、求怪等乱象由来已久，这是典型的缺乏文化自信的表现，也折射出一些领导干部扭曲的政绩观”**。加强建筑设计管理，要构建中国特色建筑文化，坚持以人为本的建筑本原，在继承民族优秀传统的过程中吸收西方优秀建筑理念，努力建造体现地域性、文化性、时代性和谐统一的具有中国特色的现代建筑。要让建筑规划设计回归理性，坚持“适用、经济、绿色、美观”的建筑方针，突出建筑使用功能及四节一环保效能。要大力提升建筑设计师的文化素养，提高建筑设计师对中华优秀传统文化的理解和自信，珍视历史文脉的继承和发展。学习环保、节能、智能等国际先进技术和经验，建筑设计走传承文化、鼓励原创、重视质量的良性发展之路。

三是大力发展装配式建筑。日本的建筑工业化水平在世界上处于领先水平，基本实现了标准化设计、工业化生产、装配化建设、智慧化管理的现代化大生产的模式。蓝天大厦、海阔天空两项目都采用装配式钢结构及工业化部品部件的装配式建筑体系，建造速度快、生产效率高、建筑质量好、污染排放少，取得了较好的社会效益、经济效益和环境效益。**“我国经济已由高速增长阶段转向高质量发展阶段，正处在转变经济发展方式、优化经济结构、转换增长动力的攻关期”**。大力推进装配式建筑是建筑业转型升级、优化建筑产业结构、转换建筑产业增长动力的有效抓手，有利于提高建筑质量，创造优美人居环境，有利于提高生产效率，带动建筑产业新技术进步，有利于建筑生产方式变革，促进建筑产业现代化快速发展。

四是积极推进全民共治、源头防治的减排行动。HARUKAS大楼采用雨水收集、中水回用、生活垃圾发电等减排新技术是全民共治、源头防治的具体举措。加快生态文明建设，建设美丽中国，必须“**提高污染排放标准，强化排污者责任，健全环保信用评价、信息强制性披露、严惩重罚等制度。构建政府为主导、企业为主体、社会组织和公民共同参与的环境治理体系**”。要积极推进减排工作，制定有效经济政策，积极鼓励政府机关、企事业单位、居住小区、大型建筑群及公共服务机构采用雨水收集、中水处理回用技术，减少雨污水排放，为城市减灾防灾做出积极贡献。要加快推进垃圾分类和合理利用工作。加快立法进程，为垃圾分类提供长期保障。鼓励采用有机垃圾生化处理、生活垃圾发电，实现垃圾资源化、减量化。加强领导、广泛动员、群策群力，用综合的、全局的思维来系统谋划、统筹协调，打造共建共治共享社会治理格局。

五是开发利用地下空间。日本桥街区改造项目在地下建设了基本服务设施及避难场地等，海阔天空项目地下空间利用与交通枢纽相结合，建设了与之配套的服务设施，并在大楼地下空间设计了发电、水处理、设施设备用房等，充分开发和利用了地下空间。随着我国城市建设用地日益缺乏，地下空间可以作为城市地面空间的重要补充。地下空间利用要统筹规划、统一管理，做好地下空间的开发利用规划，不断扩大城市地下空间开发利用规模，实现城市立体化、持续化发展。要充分利用地下空间，还要消除部分技术壁垒，如我国建筑防火规范规定：诸多电气设备、空调及热交换设备等设施不能放入地下等。

（二）健全节能管理机制，提升节能减排效能

日本建筑能耗占全社会能耗的1/3，为了促进建筑节能事业发展，建立了法律保障制度、信息披露制度、税金激励制度、示范工程建设和健康消费理念引导等一系列建筑节能管理和推广机制。我国建筑能耗占全社会能耗20%左右，节能减排、资源节约和环境保护已经确定为国策，要保证绿水青山、净空蓝天，实现经济社会绿色发展，“**必须坚持节约优先、保护优先、自然恢复为**

主的方针，形成节约资源和环境保护的空间格局、产业结构、生产方式、生活方式，还自然以宁静、和谐、美丽”。为此，必须加大建筑节能管理工作力度。

一是加快建筑节能立法。日本早在1979年就制定了《节能法》，2017年制定了《建筑节能法》，加大了建筑节能管理及推进力度。我国目前实施建筑节能的法规还是2008年《民用建筑节能管理规定》（国务院第530号令）和《公共机构节能条例》（国务院第531号令），已难以适应新时代、新目标的要求。各地建筑节能目标要求不一，大部分地区执行50%节能标准，有的地区执行65%标准，有的地区已向75%节能标准目标迈进。建筑节能工作仅仅靠大检查、督查的方式只能治标不能治本，应从机制、制度、政策、措施各环节全面发力，强化建设主体建筑节能的权利和义务，进一步完善建筑节能审查、验收及奖惩制度，制定《建筑节能法》尤为迫切，也符合**“加快建立绿色生产的法律制度和政策导向，建立健全绿色低碳循环发展的经济体系”**新要求。

二是建立建筑节能表示制度。日本《建筑节能法》规定了出售和租赁建筑的节能表示制度，从供给和消费两方面共同促进建筑节能，体现开发企业的社会责任和义务，还消费者知情权和监督权。要实行建筑节能表示制度，应改进我国建筑节能计量和考核方法。我国现行节能标准是以1981年住宅通用设计能耗水平为基础，以节约采暖用煤的30%、50%、65%等为衡量标准，南方非采暖地区节能50%这样的目标不好衡量，太深奥、不通俗，普通老百姓更不明白。应借鉴日本及欧洲国家做法，用年单位面积建筑能耗绝对值作为建筑节能衡量标准，日本及欧洲都是以建筑绝对能耗作为考核标准，如日本住宅建筑节能3星433MJ/m^2·年，德国2009年建筑节能能耗指标≤70kWh/m^2·年（252MJ/m^2·年）。目前，我国部分大型公共建筑不注重功能和性能，过度渲染外形，面具化的做法太多。应加大公共建筑及办公建筑节能的管理力度，强制实行建筑节能能耗表示制度，推进建筑节能协调发展。

三是完善建筑节能激励措施。日本政府为促进建筑节能事业发展，政府在融资、补助、税费、容积率等方面给予企业鼓励。“胡萝卜加大棒”的经济政策是日本及欧洲发达国家发展经济的通常做法。既要有加大执法的“大棒”政策，又要有激励奖励的“胡萝卜”措施。我国建筑节能在激励鼓励政策方面还很欠缺，应加大对建筑节能的激励鼓励。尽管在绿色建筑等方面有些奖励政策，但落实和实施效果不尽理想，开花多结果少。其实我国建筑节能的单项技术并不落后，如结构保温一体化、外墙保温隔热装饰一体化、节能门窗，供热分户计量与控制技术及太阳能光热光电建筑一体化，地源、水源、污水源热泵，热电联供等清洁能源技术都取得了很快发展，但缺乏有效集成，节能减排的效能不够明显。同时被动房技术、零能耗建筑技术也有长足发展，但缺乏有效的激励政策，难以大面积推广应用。应结合推进北方地区冬季清洁取暖试点工作，加大对建筑节能及清洁能源应用的政策鼓励，逐步完善建筑节能政策激励措施。

四是加大示范工程建设。“示范先行、样板引路”是发达国家推广新理念、新技术的通行做法。日本为推广建筑节能新理念、新技术，实施了可持续建筑、既有建筑节能、低碳住宅、零能耗住宅等示范工程建设，并给予一定的经济政策鼓励，促进和引导了建筑节能的发展。我国从20世纪80年代开始相继实施了城市小区试点、小康住宅示范、国家康居示范工程建设，对推广新技术、新产品，提高住宅综合质量起到了极大的引领作用。1999年在总结小区试点、小康示范等示范工程基础上实施的国家康居示范工程就要求做到“四节一环保”要求，率先实现节能50%，如：2003年前后验收完成的南京聚福园、新疆昌吉世纪花园、武汉绿景苑、无锡新世纪花园等国家康居示范工程成为各地住宅建设的样板工程，并获得首届绿色建筑创新奖，为建筑节能新技术推广、提高住宅综合品质起到了积极示范引导作用。但近年来，示范工程的管理力度弱化，实施项目数量逐渐减少，示范样板引领作用逐渐弱化。要**“倡导简约适度、绿色低碳的生活方式，反对奢侈浪费和不合理消费，开展创建节约型机关、绿色家庭、绿色学校、绿色社区和绿色出行等行动”**，实施示范工程示范引领作用不可或缺，应积极鼓励各类示范工程的实施推广，引导建筑节能技术推广应用和科学合理的消费理念。

（三）加快老龄化设施建设，促进养老产业发展

联合国老龄化社会标准为：60岁以上老人占总人口10%或65岁以上老人占总人口7%，即该地区已进入老龄化社会。我国从1999年起，60岁老人已

占到总人口10%，2016年60岁以上老人已达2.3亿，占总人口16.7%，未来20年将是老年人口增长最快的时期。日本目前的老龄化现状，就是我国未来老龄化的前景。与日本老龄化相比，我国有两个严重的问题：一个是我国老龄化人口绝对数量大，另一个是我国进入老龄化阶段时，还没有完成工业化，社会保障体系还不健全，比日本在发达社会时期进入老龄化面临更多的挑战。从1999年起，我国相继出台了有关老龄事业的决定、规划、意见和通知及《养老设施建筑设计规范》《老年人居住建筑设计标准》等技术标准、规范，但我国养老事业还处于初级发展阶段，养老设施、养老护理体系、养老政策支撑体系还满足不了日益增长的老年人生活需求，应借鉴学习日本经验，探索适应我国国情的老龄化住宅发展模式。我国提出居家养老、社会养老、社区养老相结合的9037养老模式，目前“90”部分——居家养老的设施和条件基本是空白，“3”部分——社会养老机构的建设是重点，“7”部分——社区养老设施还很缺乏。**“要实施健康中国战略，积极应对人口老龄化，构建养老、孝老、敬老政策体系和社会环境，推进医养结合，加快老龄事业和产业发展”**。要实现这一伟大目标，必须加快我国养老体系建设。

一是加快老年住宅建设。日本的前车之辙，就是我们前行之鉴，日本提出“面向老年人带服务的住宅”理念值得学习。不管是居家养老，还是社区养老、社会养老，都应该按照这一理念建设，为需要介护的老人更换住房，继续在住惯的环境中生活，给老年人搬一次家而不是“入院”，保持原有的生活方式不变，有利于老年人身心健康。应修订《城市居住区规划设计规范》，对于新建居住区和住宅小区必须配建带服务的住宅，就像配建幼儿园等其他配套设施一样作为强制标准，也可借鉴西大井的经验，实行保育与养老相结合的模式作为居住的配套设施。随着我国老人不断增加，小孩逐渐减少，部分中小学校、小孩产业工厂及其他房屋出现闲置。在城市双修、旧城更新改造过程中，可借鉴西大井的经验，将这些闲置的设施改建为老年人住宅，满足社区养老和社会养老设施。同时，政府也应加大社区养老、社会养老设施建设，保证9037养老模式的硬件需求。

二是完善护理体系建设。养老护理体系包括介护护理、医疗保健和家政服务等软件配套。养老产业被认为是我国的“朝阳产业”，除了增加硬件设施外，还将需要更多的护理人员，从投资、就业、需求等领域将会产生更大的产值。日本护理型住宅的职工配置与老人之比为 3∶1，日本建立了以自助、互助、共助、公助为主要内容的互助型社区综合护理体系。应借鉴日本护理体系建设经验，加大老年人护理、保健及服务人员的教育培训，建立社会化、专业化、现代化的养老护理体系。国内有些地方建设虚拟养老院的做法值得推广。虚拟养老院是由当地政府建立一套完善的信息服务平台，当老年人有服务需求时，通过电话、网络等信息管理系统，在接收到居家老人发送的需求指令后，为老人提供洗衣、做饭、修理、陪同就医、文化娱乐等多项服务，由加盟合作的养老服务企业和人员赶到现场，为老人提供服务。虚拟养老院的做法是护理体系建设的具体举措，有利于充分发挥市场对资源的配置作用。

三是建立养老制度和激励政策。日本制定了《老年人居住法》，制定了一系列鼓励企业投资、运营面向老年人带服务的住宅政策措施，还给入住者提供一定的经济支援等。鼓励发展养老产业有利于转变发展方式、优化产业结构、转换增长动能。应加快建立适合我国国情的养老制度，从土地、财政、金融、税收及其他费用等方面积极支持和鼓励企业从事养老事业投资建设、运营管理和人员培养，促进我国养老产业的健康发展。

（四）积极推进旧城改造，建设和谐美丽城市

日本桥区域改造、护理院西大井改造实行政府指导、企业运作、业主及民间机构参与的运作模式，坚持“保留、复苏、创新”的更新改造原则。政府负责制定规划，提供各种经济补助，如：低息贷款、经济政策支援、容积率奖励等。在改造前广泛征求民意，科学决策，保证广大市民的知情权、参与权和监督权，取得了很好成效。我国旧城更新改造“**必须坚定不移贯彻落实创新、协调、绿色、开放、共享的新发展理念，优化存量资源配置，扩大优质增量供给，实现供需动态平衡**”。应避免大拆大建，保护是最大的节约，大拆大建是最大的浪费，要处理好保护与开发、传承与创新的关系。我国旧城更新改造包括单体建筑、旧街区、老旧居住小区更新改造等方面。

一是单体建筑更新改造。媒体上常说的我国建筑寿命 30 年左右，造成这

样结果的原因并不是我国建筑安全寿命不够，更多的是因为建筑功能滞后、新城市规划修改和扭曲的政绩观等原因造成。对于有历史文化价值、不严重影响城市规划及拆建会引发众多群众事件的单体建筑应实行修复和功能提升改造。如某部办公大楼2003年修复和功能提升以后，修旧如新，重焕活力。

二是旧街区更新改造。改造运作模式可借鉴日本桥街区改造经验，实行政府指导、企业运作、广泛参与的模式，坚持保留、复苏、创新的原则。这种模式国内也有很多成功经验。如上海市旧城改造原则由原来的拆、改、留转变成留、改、拆的原则；广州市成立了城市更新管理局，专门统筹旧城改造工作，并有效运用市场机制，调动企业参与旧城改造，已经取得很好成效，值得全国推广。

三是老旧居住小区更新改造。本次考察交流的UR都市机构的改造修复老旧住宅是由该机构提供的公共租赁住宅，与我国老旧小区的产权性质不同，它的运行模式没有可借鉴意义，但其日常维修保养制度及功能改造提升技术值得我们学习。日本的商品住房日常管理费用包含日常维修费和物业管理费两部分内容。房屋日常保养维修对保证住宅质量具有不可或缺的作用，就像汽车一样，不定期保养就会出现问题。我国的老旧小区是中国特色，世界上没有现成的模式可用。由于我国的老旧小区基本上是以低租金福利性住房为主，由于当时的经济、技术、体制等方面因素，住宅建设标准较低，又缺乏有效维护管理，住宅的功能、性能、环境、设施及工程质量等不能满足全面建成小康社会的要求。开展老旧小区更新改造存在三个难点：**第一是资金筹措难**。全国各地已开展的更新改造工作基本上是以财政出资为主，市场化运作还不成熟。像北京、上海、天津等地由市区两级财政按照1∶1比例出资，个人出资的成功案例很少，甚至多数地区改造完善后的物业管理成了改造后的新问题，有些居民连日常物业管理费用都很难按时上缴。**第二是组织工作难**。从全国范围来看，基本上是以政府部门主导、企业实施的运作模式，市场化运作模式还存在体制、机制、政策等方面的障碍，如：面积扩展及楼层加层等还难以实施，相应的产权界定、国土、规划等政策支持还不够。老旧小区更新改造工作涉及国土、规划、建设、市政、电力、电信、环保等多部门，协调事务多，工作难度大，必须有强有力的机制保障和相应的政策支持。**第三是住户工作难**。老百姓的“等、靠、要”思想比较严重，居民主动参与意识不强。诉求多、期望值高，甚至还存在福利分房时代遗留的历史问题，都想通过改造来解决，给群众工作造成较大阻力。同时，拆除违建、整治环境必然触及个别人利益，再加上抗震加固、加装电梯、户内功能更新及户外环境改善会给居民正常生活带来诸多不便。要使 2/3 业主同意存在一定难度，如果有少数人阻拦更会加大工作的难度。为此，开展老旧小区改造必须坚持以人民为中心，充分运用“共同缔造”理念，激发居民群众热情，调动小区相关单位的积极性，共同参与老旧小区改造工作，实现决策共谋、发展共建、建设共管、效果共评、成果共享，建设和谐美丽城市。

（五）制定住宅品质法规，建立住宅质量保障

2016 年我国城镇居民人均住房建筑面积为 36.6m²，农村居民人均住房建筑面积为 45.8m²，但住房苦乐不均、品质不高的现象仍然存在，离人民对住房美好生活需要还有差距。住宅建设必须**“由高速度增长阶段向高质量发展阶段转变，解决人民日益增长的美好生活需要和不平衡不充分的发展之间的矛盾”**，我国的住宅建设已经进入品质与功能提升的新阶段。住房保障不仅要数量，更要保质量，实现数量与质量、效率与效益统一。

一是制定《住宅品质促进法》。建立提高住宅品质，确保住宅质量的长效机制。如日本制定《住宅品质确保促进法》，开展住宅性能表示及质量保险制度，加快了产业化技术集成，提高品质，保证住宅售后质量，维护消费者权益，已取得了成功的经验。为加快推进住宅产业化，不断提高住宅质量，应加快制定《住宅品质促进法》等制度，确立住宅性能认定制度，建立住宅质量和性能的保障机制，从法律上强制开发商对住宅质量提供长期保证。

二是大力开展住宅性能认定工作。尽管 1999 年出台了《住宅性能认定管理办法》（试行），对提高住宅质量引导住宅合理消费取得了很大成效，但从目前实施效果来看，远未达到预期的目标。原因有工作思路和方法问题，更主要是由于缺少相关法律法规的支持，得不到各级主管部门的重视，住宅性能认定工作没有扩大反而呈萎缩趋势。应加大对住宅性能认定制度的指导和推广，充

分发挥住宅性能认定对促进住宅质量提高的作用。

三是建立住宅质量保险制度。日本通过寄存担保金和质量担保责任制度确保住宅的质量。我国虽然有质量担保金制度，但质保期过后的质量保证没有保障机制。尤其我国房地产开发实行项目公司管理，有的开发企业项目完成后，公司解散，质量追溯找不到责任主体。这也是当前老旧小区改造资金没有来源的主要原因。建立住宅质量保险制度，当住宅出现了质量问题时，通过有效的保险机制保证消费者的权益，实现住宅质量保障制度化、长效化，有利于消费者放心购房，规范住房市场，不断提高住宅品质，满足人民美好生活需要。

（六）培育住宅租赁市场，实现住有所居目标。

“坚持房子是用来住的、不是用来炒的定位，加快建立多主体供给、多渠道保障、租购并举的住房制度，让全体人民住有所居”。按照这一指导思想，应建立多种形式的住房供应体系，让不同阶层享有适当住房，有利于平抑房价过快增长，促进房地产市场健康发展。

一是加大公共租赁住房供应力度。日本全国自有住宅（独栋住宅）比例60%，租赁住宅占40%。东京的居民以居住在公寓为主，占67%，东京租赁住宅占57%左右，自有产权住宅占40%左右。东京的公共租赁住房基本分布在交通便捷、配套完善、功能齐全的市区各个区域，为居民提供了完善的居家环境（独栋住宅基本在郊区）。日本UR都市机构类似我国各地方城市投资公司负责土地一级开发及公营住宅建设与管理，其管辖住宅75万套，受众人数200多万人，占东京人数5.5%。以日本为代表的发达国家和地区住房租赁市场中，租赁房源大部分由政府提供，部分由私人提供。借鉴总结国外经验，要积极鼓励房地产开发企业从事公共租赁住房建设与经营，国有大型企业应该成为公共住宅的主力军（像UR都市机构）。各城市政府应将更多交通便捷、功能完善的区域规划建设公共租赁住房，保证公共租赁住宅的有效供给，实现租购同权、租购城市公共服务设施均等化，让利于民，和谐发展。

二是鼓励企业从事租房租赁业务。随着少子化趋势发展，大城市住宅会出现房屋空置，积极鼓励各类企事业单位收购或租赁空置房屋从事房屋租赁业务，能有效地盘活存量住房、控制增量，实现城市集约发展。

三是引导住房消费理念发展。要引导“人人享有适当住房”而不一定是“人人拥有住房”的观念，树立梯度消费、合理消费住房理念。据有关统计显示，北京、上海等大城市中，有房家庭比例约70%，但大多数为福利商品房，买房比例近年有所上升，但仍不到30%。在房价居高不下的情况下，租房家庭比例将会逐渐增加，尤其是城镇新增人员、中低收入群体住房问题全通过政府保障性住房来解决是不可能完成的，要引导这部分人群通过租房市场来获得住房的权益。把住房保障的内涵扩大到提供更多租房源的供给和提高弱势群体的租付能力等方面。引导住房消费理念，消除享有住房就是拥有住房的旧观念，形成先租后买、先小后大，再由大到小、由小到租的适度消费、梯度消费和科学消费的新理念。住房消费应量力而行、宜居适用，不应过分追求超前、一次到位，防止为住房背负经济重债，造成生活过多压力。通过制度创新和政策激励，为市场提供多档次、多类型的住房供给，实现住有所居目标。

主要参考文献

[1] 党的十九大报告辅导读本[M]. 北京：人民出版社，2017.
[2] 中共中央 国务院关于进一步加强城市规划建设管理工作若干意见[S]. 2016-2-6.
[3] 王全书. 中国建筑要有文化自信[N]. 人民日报 .2017-4-21.
[4] 第20届中日建筑住宅交流会会议材料[C]. 2017-11-22.
[5] 田灵江 . 住宅产业与住宅产业化[M]. 北京：中国建筑工业出版社，2010.

后　记

随着人口结构的变化，以及社会经济的发展，以及建设科技的发展。住宅的品质需求从无到有，到小康，到改善，再到性能优越、绿色低碳住宅品质，都是当下迫切需要研究的方向。

本人与第一作者相识好多年，曾经一起合作住宅方面的多项课题，感觉受益良多。特别是合作的两个课题，“建筑工业化内装工程技术规程、老旧小区改造体制机制研究，均获得了华夏建设科技奖。第一作者为人谦逊踏实，科研认真严谨，对我国住宅产业从政策和管理角度出发，有深入的研究和认知高度，是十分值得尊敬的良师益友。

本人作为一名建筑师，对住宅研究一直十分关注，以政协委员、民建会员的身份，参与了政协和党派的一些关于住宅的调研，从基层和专业角度出发，对如何实现“居者有其屋”乃至“安得广厦”，作了一些思考和基础文稿积累。十分荣幸，受第一作者的邀请，共同参与本书的写作合稿。其中一些基层经验，如浙江省实施商品房全装修政策的经验，以及老旧小区加装电梯及老旧小区资金筹集等方面内容，希望能为读者带来一些启发。

本书从住宅产业住宅品质顶层研究、老旧小区改造机制，到基层经验、到国外经验均有所涉及，如能对相关从业者和研究者提供一些参考，将不胜荣幸！

林东海于温州

2023 年 1 月